對本書的讚譽

Kent Beck 的建議總是值得聆聽；幾十年來我一直在等待本書所提出的一些建議。本書把軟體的焦點，從各種不同的工具與技術，轉移到真正重要的東西——設計！設計就是我們用程式碼所繪製出來的形狀，*Kent* 則幫助我們繪製出更好的形狀。這是一本談論重要主題的重要書籍。

—*Dave Farley*，
Continuous Delivery 有限公司創辦人兼董事

許多程式碼庫真的很難理解，開發人員實在很難知道該從哪裡下手。本書針對各種不同程度的開發人員，提供了許多實用的技巧，可協助大家改進手邊正在處理的各種程式碼。

—*Sam Newman*，獨立顧問、技術專家，
同時也是《*Building Microservices*》（打造微服務）和
《*Monolith to Microservices*》（從龐然大物到微服務）這兩本書的作者

對於如何把複雜的程式碼轉化成更簡單的形式，*Kent Beck* 分享了許多簡單易懂的想法。這些想法其實都很簡單，但當你讀到這些想法時，心裡一定很想知道，為什麼這麼多的想法自己從來都沒想過。我要推薦這本書，給所有在意程式碼乾不乾淨、可讀性好不好的人。

—*Gergely Orosz*，*The Pragmatic* 公司的工程師

幾十年來，重構相關書籍一直都把重點聚焦於從上而下、以物件為導向的軟體設計理論。《先整理一下？》則打破常規，透過逐步改善現有程式碼的方式，提供了一套很實際的做法。

—*Maude Lemaire*，《*Refactoring at Scale*》（大規模重構）一書的作者

老實說：軟體工程師 99% 的工作，都是在處理各種所謂的「棕地專案」（*brownfield project*^{譯註}）。這樣的工作有可能非常困難，尤其是當初編寫程式碼時，如果沒有考慮到可讀性的話，情況更是不容樂觀。在這本書中，*Kent Beck* 會在程式碼裡優先考慮人類關係，藉此扭轉原本的局面。他會以簡潔的方式教導大家，如何透過小小的漸進式改變來改善軟體的設計，讓你和你同事的程式碼，變得更加乾淨而清晰。

—*Vlad Khononov*，
《*Learning Domain-Driven Design*》（領域驅動設計學習手冊）一書的作者

譯註　相較於從無到有、全新開發的「綠地專案」，「棕地專案」指的是需要針對舊有程式碼進行開發與改進的一些專案）。

先整理一下？
個人層面的軟體設計考量

Tidy First?
A Personal Exercise in Empirical Software Design

Kent Beck 著

藍子軒 譯

O'REILLY®

謹此紀念 *Barry Dwolatzky* 教授：
他是一位非凡的極客、擁有很根本的力量，
以及無數的靈感。

目錄

推薦序 ix

前言 xi

簡介 xix

第一部分　整理

第一章　　　守衛語句（Guide Clause）.. 3

第二章　　　沒用到的死程式碼（Dead Code）....................................... 5

第三章　　　用同樣的寫法做同樣的事（Normalize Symmetries）.......... 7

第四章　　　舊的實作方式，搭配新介面
　　　　　　（New Interface, Old Implementation）........................... 9

第五章　　　閱讀順序 11

第六章　　　內聚順序 13

第七章　　　把宣告與初始化放在一起 15

第八章　　　具有解釋效果的變數 17

第九章　　　具有解釋效果的常數 19

第十章　　　明確的參數 21

第十一章　　把程式碼切成一塊一塊的 23

第十二章　　提取輔助函式 25

第十三章　　匯聚成一堆 27

第十四章　具有解釋效果的註解說明 29

第十五章　刪除掉多餘的註解 31

第二部分　管理

第十六章　把整理工作切分出來 35

第十七章　連鎖效應 39

第十八章　每批所包含的整理數量 43

第十九章　節奏 47

第二十章　解開糾纏 49

第二十一章　先做、後做、晚點再去做、完全不做 51

第三部分　理論

第二十二章　讓元素以有益的方式關聯起來 59

第二十三章　結構與行為 63

第二十四章　經濟學──時間價值與選擇性 67

第二十五章　今天的一美元大於明天的一美元 69

第二十六章　選擇權 71

第二十七章　選擇權 vs. 現金流 75

第二十八章　結構上可逆的改變 77

第二十九章　耦合 79

第三十章　　Constantine 等式 83

第三十一章　耦合與解耦 87

第三十二章　內聚 91

第三十三章　結論 93

附錄：相關的閱讀清單和參考文獻 97

索引 101

推薦序

這本薄薄的書，其實是整個系列中的第一本，目標讀者是專業程式設計師──這類軟體開發者對於自己的技術有著深厚而專業的興趣，希望可以透過小小的方法來改進自己的工作，以取得巨大的回報。作者 Kent Beck 是一位非常敬業的專業人士，他一直關注著各種細節，而且始終在思考著一些更宏大的問題，拓展更寬廣的視野。

從業的軟體開發人員通常很少關注理論，但 Kent 很清楚知道自己在說什麼，他把實務和理論結合成一本既有可讀性又很實用的程式碼整理（tidy）指南。

理論上來說，理論與實務應該沒有區別，但實務上來說，確實有區別。這個精闢的看法，廣泛流傳著各種不同的版本，有人甚至誤以為這是愛因斯坦或 Yogi Berra（洋基隊傳奇捕手）所說過的話。只有那種愛鑽牛角尖的文字大師（沒錯，這是有罪的！）才會在意正確的出處；其實這段話是出自耶魯大學的學生 Benjamin Brewster 在 1882 年版《*Yale Literary Magazine*》（耶魯文學雜誌）所寫的文章。多虧那些來自 QuoteInvestigator.com 的熱心文字極客們，我才能在這裡滿懷信心向讀者提供這個極客細節──他們的專業堅持，就是把細節做對重於一切。

為了把理論與實務相結合，Kent 從最底層的小小程式碼片段開始著手，一絲不苟地處理每一個小細節，然後再逐步提升到更大的視角，解釋如何創建出更清晰簡潔的程式碼，讓這些程式碼在面對無可避免的改變與修正時，能夠有更穩健可靠的處理方式。Kent 在編寫這份實務指南時，最後還借鑒現實世界裡的軟體開發經濟學，進一步與軟體工程的核心理論相互結合。

這個核心理論其實很簡單：電腦程式碼的複雜性，取決於如何把程式碼組織成好幾個部分，以及各部分之間的耦合程度，還有各部分自身的內聚程度。耦合（coupling）和內聚（cohesion）理論的源頭，通常都會引用 Ed Yourdon 和我所合著的《*Structured Design*》

（結構化設計，由 Yourdon Press 於 1975 出版；Prentice Hall 於 1979 再次出版），不過再往前也可以追溯到 1968 年在麻薩諸塞州劍橋所舉行的一次會議演講。「耦合」和「內聚」這兩個概念，在 1979 年的 Prentice Hall 版本差一點就被拿掉了。當時的編輯很想說服 Ed 和我拿掉這兩章，因為他們說「不會有人對理論感興趣的啦」。所幸這段軟體工程的歷史，作者還是占了上風，當時那些編輯確實想錯了。在此之後，經過半個世紀的實務驗證和好幾百項研究調查，這個理論終於得到了驗證。

耦合和內聚其實就是衡量電腦程式碼複雜性的一種方式，只不過它並不是從執行程式的電腦角度來衡量，而是從人類嘗試去理解程式碼的角度來衡量。如果想理解任何程式，不管是新建立的程式、還是改變或修正舊程式碼，你都必須仔細去瞭解你面前的片段程式碼，以及它所相連、所依賴、所影響或受其影響的其他片段程式碼。如果有某段程式碼本身完全緊密而連貫，可以視為一個整體來理解，就可以構成認知心理學家所說的「完形」（gestalt），要理解它也會比較容易一點。這就是所謂的內聚（cohesion）。如果與其他的程式碼片段沒什麼關係，或是關係相對比較薄弱，或是有嚴格的拘束，這樣理解起來也會比較容易。這就是所謂的耦合（coupling）。耦合和內聚與你的大腦如何處理複雜系統，其實是很有關係的。

這樣你懂了嗎？把概念整理之後，其實還蠻漂亮的。理論這東西就是這樣。接下來就可以進一步討論實際的細節了；其間還是會夾雜一些足夠的理論，讓一切看起來更加合理。Kent Beck 會很巧妙引導著你，循著這條道路前進。

—Larry Constantine
麻薩諸塞州的羅里鎮（*Rowley*）
2023 年 *10* 月 *9* 日

Larry Constantine 曾任葡萄牙 Madeira 大學和澳洲雪梨科技大學的教授。他發表了 200 多篇論文以及 30 幾本書籍，其中包括與 Lucy Lockwood 合著的 Jolt 獎作品《*Software for Use*》（**真正實用的軟體**；Addison Wesley，1999 年），以及他用 Lior Samson 這個筆名所寫的 15 部小說。

前言

《先整理一下？》要談的是……

「我必須修改這段程式碼，但它根本就一團亂。我應該先做什麼好呢？

「也許我應該在修改之前，先整理一下程式碼。也許吧。整理一下下就好。還是我不應該這麼做？

這些全都是你很可能會問自己的問題，如果答案很簡單，我就不必寫一本書來處理這些問題了。

《先整理一下？》這本書要談的是：

- 除了改變程式碼的行為之外，何時應該去整理那一團亂的程式碼

- 如何安全又有效率地整理凌亂的程式碼

- 「整理凌亂的程式碼」這件事，什麼時候該停手

- 為什麼整理是有意義的

軟體設計其實是人類關係的一種課題。在《先整理一下？》這本書中，我們首先會從你鏡子裡的那個人開始，談談程式設計師與自己的關係。為什麼我們不多花點時間，好好照顧自己呢？花點時間讓你的工作變得更輕鬆，不是很好嗎？我們何不先把協助使用者的工作擺到一旁，先跳進這個清理程式碼的兔子坑裡瞧一瞧呢？

我的任務就是協助極客們，能夠在這個世界感到更安心，而《先整理一下？》這本書，就是此任務的一部分。這也是我們面對凌亂的程式碼時，可以邁出的第一步。如果懂得好好善用軟體設計，它其實是一個能夠減輕世界痛苦的強大工具。但如果使用不當，它反而會成為另一種壓迫的工具，到頭來只會拖垮軟體開發的效率。

《先整理一下？》這本書只是我們聚焦於軟體設計，整個系列其中的第一本書籍。我想讓軟體設計變得更加平易近人、更有價值，所以我會先從你自己就能完成的軟體設計開始談起。後續幾本書則會探討軟體設計如何修復團隊裡程式設計師們之間的關係，然後再去解決真正大條的問題：業務和技術之間的關係。不過，一開始本書會先從更有利於我們自己日常工作的角度，來理解與實現軟體設計。

假設你有一個很大的函式，其中包含了許多行的程式碼。在進行修改之前，你一定要先讀懂程式碼，搞清楚它究竟在做什麼。在這個過程中，你可以看到自己會按照一定的邏輯，先把程式碼切成更小的區塊。你在提取出這一塊一塊的程式碼時，其實就是在進行整理。另外像是採用守衛語句（guide clause）、添加一些具有解釋效果的註解說明、使用輔助函式等等，也都屬於整理的做法。

《先整理一下？》這本書會把這些建議付諸實現——我們會把這些整理方式分開來細談，並建議你在何時何地可以採用這些整理的做法。因此，你並不需要一次就掌握所有的整理做法，只要先去嘗試一些對你而言有意義的整理做法就行了。《先整理一下？》這本書也會探討一些軟體設計背後的理論：耦合（coupling）、內聚（cohesion）、現金流的折現效應（discounted cash flows），以及所謂的選擇性（optionality）。

本書適用對象

本書很適合程式設計師、首席開發人員、實務軟體架構師以及技術管理者來閱讀。本書並不限定任何程式語言，所有的開發人員都能讀懂本書的概念，並把它應用到自己的專案中。本書假設讀者具有一般的程式設計能力，並不是完全的新手。

本書帶給你的收穫

讀完本書之後，你就會瞭解：

- 系統的「行為」改變與「結構」改變，兩者之間的根本區別

- 身為一個負責修改程式碼的孤獨程式設計師，如何發動你的魔法，讓你可以自由切換，去進行程式碼「結構」與「行為」上的改變

- 關於軟體設計的運作方式，以及影響軟體設計的力量，相應的理論基礎

而且你會得到以下的能力：

- 知道何時該先做整理、何時該後做整理，改善自己的程式設計體驗。

- 開始懂得運用一些比較小而安全的步驟，做出比較大的改變。

- 可以把設計視為一種包含各種不同動機的人類活動。

本書架構

《先整理一下？》的內容分成簡介和三大部分：

簡介

我會先簡單說明一下寫這本書的動機與原委，還有這本書的目標讀者，以及你可以期待的內容。然後我們就會直接進入主題。

第一部分：「整理」

整理就像是嬰兒版的微型重構。每一章的內容都很簡短，分別探討一種整理的做法。內容架構大致上就是：如果你看到「這樣」的程式碼，就把它改成「那樣」的程式碼。然後不用想太多，就可以讓它正式上線使用了。

第二部分：「管理」

接著我們會介紹整理的管理方式。關於整理的哲學，其中有一點就是，它永遠都不應該是個大問題。它絕不是那種必須回報、追蹤、計劃和排程的工作。你只是因為要修改程式碼，但發現程式碼很亂很難修改，所以你才決定先整理一下。即使這是日常工作的一部分，但它依然是一個需要好好思考如何進行改進的程序。

第三部分：「理論」

來在這裡，我終於可以展開翅膀，深入挖掘一些讓我感到很興奮的主題。「軟體設計其實是人類關係的一種課題」這句話是什麼意思呢？人類指的是誰呢？如何透過更好的軟體設計，更加滿足人們的需求？為什麼軟體的成本如此昂貴？我們有什麼能做的嗎？（劇透警告：就是軟體設計）耦合是啥？內聚是啥？冪次律（power law）又是什麼鬼東西？

我的目標就是讓讀者早上開始讀，下午就能做出更好的設計。然後每天都能把設計做得更好一點。很快地，軟體設計就不再是你的軟體價值傳遞鏈其中最薄弱的環節了。

為什麼要「憑藉經驗來進行」軟體設計？

關於軟體設計最激烈的爭論，好像都是關於「究竟要設計**哪些東西**」：

- 服務應該有多大？
- 儲存庫（repository）應該有多大？
- 事件 vs. 直接呼叫服務。
- 物件 vs. 函式 vs. 命令式程式碼。

這些爭論的背後，其實隱藏了一個軟體設計者之間更根本的分歧：**何時**應該去做設計？下面就是這種分歧兩極化的誇張描述：

推測型（*Speculative*）設計

> 我們很清楚知道下一步該做什麼，所以我們現在馬上就要進行設計。現在馬上就去做設計，成本會比較低一點。要不然的話，一旦軟體正式上線，我們就永遠沒機會去做設計了。所以，現在就把設計全部堆起來吧。

反應型（*Reactive*）設計

> 功能才是大家最關心的東西，所以一開始應該盡可能少做設計，這樣才能讓焦點回到功能上。唯有當我們幾乎沒辦法再添加任何功能時，我們才會很不情願地去改進設計，然後只要設計上能讓我們盡快回頭去實現功能，那樣的設計也就足夠了。

我實在很想用「取中間某個點」來回答這個「何時應該去做設計？」的問題。如果我們發現已經很難添加某一類功能，其實這時就可以去進行設計，直到這個壓力解除為止。我們一開始也可以先做出足夠的設計，讓回饋循環能夠順利啟動起來：

功能

> 使用者最想要的是什麼功能？

設計

> 如何讓程式設計師擁有最好的支援，更容易去做出那些功能？

只要憑藉經驗來決定何時該進行軟體設計，就可以回答「何時應該去做設計」這個很難回答的問題了。只要你能享受到設計上的好處，就去找時間來進行設計吧。要回答這個問題，需要有一定的品味，還要有協調與判斷的能力。要求必須有品味和判斷能力，這會是一個難點嗎？當然是，不過這是個無可迴避的難點。前面所說的推測型和反應型設計，也都需要進行判斷，但是在那兩種情境下，軟體設計人員其實也沒什麼特別好用的判斷工具。

我很喜歡用「憑藉經驗來進行」（empirical）這個說法來描述這樣的風格，因為在設計時間點的判斷上，它似乎正好可以釐清推測型和反應型這兩種極端做法之間的區別。「憑藉觀察或經驗，而不是憑藉理論或純粹的邏輯，來作為依據、作為關注的重點，或是來進行驗證。」這樣的說法聽起來好像還蠻有道理的。

我為什麼跑來寫這本《先整理一下？》

我在大學修了一門軟體設計課程，用到了 Ed Yourdon（已故）以及 Larry Constantine 所著的《Structured Design》（結構化設計）一書。當時我對這本書的瞭解並不多，主要是因為當時我還沒遭遇過它所解決的問題。

時間快轉 25 年，來到 2005 年。這時候我已經設計過一堆軟體。我覺得我對於設計已經有很好的把握。當時 Stephen Fraser 在 OOPSLA（大型物件導向程式設計會議）組織了一個小組，慶祝那本書出版 30 週年。Ed 和 Larry 連同 Rebecca Wirfs-Brock、Grady Booch、Steve McConnell，另外還有 Brian Henderson-Sellers，全都加入了這個小組。

當時我心想，如果我不想被輕風一吹就吹下講台，那就得先做好一些功課。於是我打開了泛黃的《Structured Design》（結構化設計），開始讀起這本書。經過了幾個小時，我才抬起了頭；我完全入迷了。這簡直就是軟體設計領域的牛頓運動定律。當它把道理說出來的時候，一切都清楚了。我們身在產業界，怎麼會忽略掉這麼明確的東西呢？

我記得當時的小組討論進展很順利。會議的一大亮點，就是與 Ed 和 Larry 共進早餐，這兩個極端聰明的人，都對自己和彼此感到十分自在。圖 P-1 就是他們很久之前在我的課本上留下的簽名。

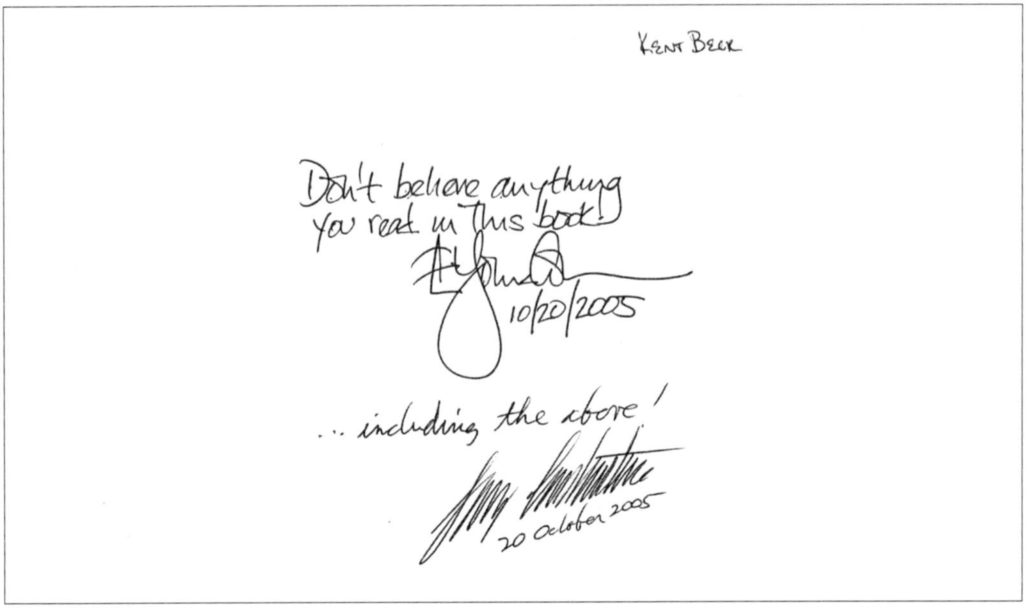

Don't believe anything
you read in this book!
10/20/2005

... including the above!
20 October 2005

圖 P-1　Ed Yourdon（「不要相信你在這本書裡讀到的任何東西！」）和 Larry Constantine（「……上面那句也包括在內！」）的題詞

當時這本書已經有一定的年代了。書裡那些用到紙帶和磁帶的範例，已經沒什麼參考價值了。書裡關於組合語言和當時最新高階語言的討論，也都已經過時了。不過，這本書裡的基礎知識依然是正確的。我當時就發願，要把這些內容帶給新一代的讀者。

後來那幾年，我曾多次嘗試寫出一本軟體設計的書籍，但最後都以失敗告終（如果你想知道我做了些什麼，請搜尋「Kent Beck 響應式設計」）。直到 2019 年，我才意外有了兩個禮拜完全沒行程的空檔。我決定看看自己能夠在這兩個禮拜內，為這本書寫出多少內容。

寫了超過一萬字之後，我才學到重要的一課——我絕對沒辦法在一本書中，解決掉所有軟體設計的問題。不過在我最初的草稿中，不斷出現一個情境，那就是下面這個小小的設計時刻：我有一堆凌亂的程式碼——我應該直接做修改，還是應該先整理一下？

我寫書的經驗一直都是這樣。我會先選擇一個主題，一開始看起來好像是很小的主題，然後就開始去寫。結果總會發現，以一本書來說，這個主題實在太大了。於是就取其中一小塊來仔細探討，一開始還覺得會不會太小塊了呢？然後開始去寫之後又發現，這塊還是太大了。就這樣不斷輪迴。

現在你手上的這本書（無論是紙本還是電子版），就是我將近 20 年前發願之後的第一個成果。我發現，只要討論「應該先整理一下嗎？」這個大家每小時都在問的問題，我就能觸及到自己身為設計師最在乎的許多主題。我很期待您的回饋意見，希望我可以繼續加深自己的理解，讓軟體設計變得更有趣、更有價值。

謝辭

一本書的「作者」，其實就只是檯面上的一個人而已。書裡的文字確實是我寫的，但是如果沒有背後一大群人，這些文字就無法來到你的手中。下面就是其中的一些人。

感謝 Anna Goodman、Matan Zruya、Jeff Carbonella、David Haley、Kelly Sutton 以及我在 Gusto 的一些學生，為我提供了一些初期的技術回饋意見。感謝 Maude Lemaire、Rebecca Wirfs-Brock、Vlad Khononov 和 Oleksii Torunov 針對原稿的技術回饋意見。感謝 https://tidyfirst.substack.com 的付費訂閱者，給了我寫作的時間，還有他們在我起草章節時所提供的回饋意見。

感謝 O'Reilly 的專家製作團隊：Melissa Duffield、Michele Cronin、Louise Corrigan，他們讓整個過程變得很順利。也感謝 Tim O'Reilly 給我這個機會，寫出這本內容簡短的書籍。

感謝 Keith Adams 和 Pamela Vagata 的技術演講內容，還有各種鼓勵，以及偶爾舉辦的雞尾酒會。感謝 Susan 的鼓勵與推動。感謝我的孩子們，Beth、Lincoln、Lindsey、Forrest 和 Joëlle。

感謝我的軟體設計導師與同事：Ward Cunningham、Martin Fowler、Ron Jeffries、Erich Gamma、David Saff 和 Massimo Arnoldi。

最後，感謝 Ed Yourdan（深深懷念）和 Larry Constantine，他們倆在很久以前就解決了所有這些問題。

簡介

軟體設計是一個很鋒利的工具。有些人並不知道自己有在運用這樣的工具。有些人在運用的時候，手裡抓的是刀片，而不是刀柄。這就是我會去寫這些軟體設計相關的文章，其中很重要的一個理由。這理由也可以回溯到我個人的使命宣言：協助極客在這個世界感到更安心。

我的這個使命，有兩個不同的面向。有時候，極客們會以很不安全的方式來設計軟體，一不小心就會破壞掉系統的行為，或是讓支援軟體的人們，彼此的關係變得很緊張。如果你的行為無法讓人安心，心裡會有不安心的感覺也很合理。但如果你的行為實在無法讓人安心，卻盲目感到安心而毫無警覺，那可就不妙了。

協助大家學習如何做出安全的設計，有助於實現我的使命。因此，你在本書的許多地方，經常會看到一些參考做法，用一些比較小而安全的步驟來進行工作。其實我對一些短期加速的做法，並沒有什麼興趣。軟體設計應該要能創造出價值才對；只要能創造出價值，那些價值自然就會隨時間逐步實現。

不過，先整理一下（tidy first）倒是個例外。如果你選擇先整理一下，你知道自己馬上就能感受到整理的價值。我之所以先談整理這件事，是有用意的。我希望你可以先習慣去操控程式碼的**結構**，就像去操控程式碼的**行為**一樣。等我們更進一步深入設計，就會談到一些更長久之後才能有所回報的行動，到時候那些行動將會影響到更多的人。

我自己在閱讀其他關於軟體設計的論述時，發現這些論述都缺少了「什麼時候做？」和「做到什麼程度？」這兩個關鍵要素。有一些軟體設計師認為，只有在沒什麼時間壓力的情況下（例如還沒遇到會拖慢開發速度的討厭程式碼，或是修改程式碼行為的壓力沒那麼大，正好處於開發工作的空檔），這時候才適合去進行設計工作。我自己倒是很想好好探索一下，看看能否提供一些有用的原則，來回答上面那兩個問題。

軟體設計對我而言一直都是一種智力上的挑戰。我很喜歡這樣的思考時刻:「如果我有什麼樣的設計,就可以把龐雜的修改,縮小成咬一口就可以解決的程度?」對我來說,寫程式這件事多少有一絲絲虐待狂的味道,總好像要在複雜性的柴堆上英勇自焚似的。這個世界上的挑戰已經夠多了,我們實在不應該忽略掉可以讓自己和他人把事情變容易的任何機會。

軟體設計難題的另一個面向,就是要搞清楚困難點是什麼力量造成的,而我們可以用什麼樣的原則,來對那些力量做出回應。有許多設計上的建議,根本就與現有的證據互相矛盾。熟練的設計師所創造出來的結果,為什麼無法符合他們自己所擁護的原則?這其中究竟發生了什麼事?

寫書這件事,根本就無處可躲藏。如果我沒有完全理解某個主題,你一定看得出來,而且我也拿你沒轍。其中一個例子就是內聚(cohesion)——我 15 年前就能清楚定義這個概念,但直到去年我才有能力做出令人滿意的解釋。我一直想要推動我自己,真正去理解這個概念。

有時候遇到嚴重的問題,反而是最好的機會。我希望你可以趁著這種特別的機會,練習去做一些「先整理一下」的工作。你只要稍微整理一下,或許就能讓功能變得更容易一點。只要一點點功夫,就能讓功能變簡單。然後整理的工作就會開始越做越多。因為你讓這裡變簡單,那裡也會跟著變簡單。突然之間,你無須太費力,只要揮個一兩筆,就能實現巨大的簡化。而且因為你一路走來都有同事相陪,所以你同時也培養出一群完全瞭解你這些天才做法的支持者;這些支持者會越來越欣賞你,因為他們也會因為你這些從小處逐漸擴大的結構性改變,而開始得到一些好處。

最後我想透過財務上的觀點,來完成我的動機列表。正如我在其他地方曾經寫過,我寫東西並不是為了賺錢;我寫東西賺錢,是為了讓我能夠持續寫作。與我所有的技術書籍一樣,我並不期望能從這些書獲得巨額的回報。賺的錢只要足夠讓我買部好一點的車,這樣就足夠激勵我持續去寫作,而不是跑去畫畫、彈吉他或玩撲克牌了。所以,沒錯,我確實想靠這本書賺點錢,但我打算提供的價值,絕對比我所收取的錢還要多得多。

整理

我自己平常的學習策略,都是先從比較具體的東西開始,然後再逐漸走向抽象。因此,我們會先從一個「行動」列表開始,這個列表包含了許多小小的設計「行動」,如果你正好面對一大堆需要進行改變的混亂程式碼,你就可以先嘗試去進行這些小小的設計「行動」。

熟悉重構的人會發現,重構(refactoring,其定義就是不會改變行為的結構性改變)與整理(tidying)之間有很大的相似之處。整理就是重構的子集合。整理是又小又可愛的微型重構,沒有人會討厭它。

大家後來都喜歡把功能開發過程中長時間的停頓,賴到「重構」的頭上,因此「重構」的名聲遭受到極大的損害。有些人甚至會違反「不改變行為」的規定,因此「重構」很容易就會把系統搞爛掉。我們來看看:沒有新功能,可能會造成損壞,最後也沒什麼好展示給人看的。那就不用了吧,謝謝。

我們會在第二部分,討論如何把整理工作整合到開發工作流程中。到時候你一定要好好閱讀並學會應用那些技巧,它一定會為你接下來的開發工作增添許多樂趣。

第一章

守衛語句
（Guide Clause）

你一定看過像下面這樣的程式碼：

```
if（條件）
    ... 一些程式碼 ...
```

或是稍微複雜一點的，例如像下面這樣：

```
if（條件）
    if (not 其他條件)
        ... 一些程式碼 ...
```

在讀這些程式碼時，很容易就會迷失在這些巢狀的判斷條件中。上面的程式碼其實可以整理成：

```
if (not 條件) return
if（其他條件）return
... 一些程式碼 ...
```

這樣讀起來容易多了。它的意思就是說：「我們要進一步去瞭解後面的程式碼之前，心裡一定要知道，有一些先決條件必須先滿足。」

（但這裡有好幾個 return 怎麼辦？一個常式（routine）只能有單一個 return，這樣的「規則」源自於 FORTRAN 的時代；在當時單一個常式可以有很多個入口點和出口點。這樣的程式碼若要進行除錯，幾乎是不可能的。你根本無法判斷，究竟執行了哪幾個語句。不過這種採用守衛語句的程式碼，比較容易進行分析，因為先決條件都很明確。

不要過度使用守衛語句。如果常式裡有七、八個守衛語句（我確實見過），讀起來並不會比較輕鬆。因為這樣一來就需要特別留意，才能夠釐清其中的複雜性。

唯有當程式碼的判斷條件一定要精確滿足時，才能用守衛語句來進行整理：

```
if ( 條件 )
    ... 常式裡其餘的所有程式碼 ...
```

下面則是我一看到就想要整理、但無法進行整理的程式碼：

```
if ( 條件 )
    ... 一些程式碼 ...
... 一些其他的程式碼 ...
```

也許可以把前兩行提取到一個輔助方法（helper method）中，然後再利用一個守衛語句來進行整理，不過一定是只有在沒幾個步驟的情況下，我們才會選擇這樣做。

這裡就有一個例子：*https://github.com/Bogdanp/dramatiq/pull/470*。

第二章

沒用到的死程式碼
（Dead Code）

刪除掉就對了。如果程式碼完全不會被執行，那就把它刪除掉吧。

程式碼一旦用不到了，就把它刪除掉，這樣的做法可能會讓你覺得很奇怪。畢竟那都是有人花時間花力氣去寫出來的。有人費了好一番功夫，好不容易才把它寫出來。只要有人再次呼叫它，它就又有價值了。如果把它刪除了，萬一之後還要再次用到，到時我們一定會很難過，對吧。

各位喜歡整理的讀者，請嘗試把我剛才的描述，其中所有的認知偏見全都抓出來——這就留給你作為練習吧。

有時候死程式碼很容易就能識別出來。有時候，程式碼如果使用大量的反射（reflection）寫法，識別起來就沒那麼容易了。如果你懷疑某段程式碼已經沒人使用，請先試著記錄其使用情況，以作為整理前的準備工作。你可以把這些整理前的準備工作，放到正式上線的程式碼中，等你有了一定的把握，再去進行真正的整理動作。

你可能會問：「如果我們稍後又需要它了，怎麼辦？」這其實就是**版本控制系統**的用途。我們並不會真正刪除掉任何東西，只是現在用不到它了。如果我們（接著是一長串的條件語句）1. 有很多程式碼；2. 現在沒用到；3. 但將來會用到；4. 而且按照最初完全相同的寫法；5. 它還是能正常運作，那麼就沒錯，我們確實可以把它找回來。或者我們也可以再寫一次，而且還可以寫得更好。如果真的沒辦法寫得更好，我們一定還是可以把之前的程式碼找回來。

我們每次採用這種整理做法時，通常都只會刪除掉一點點的程式碼。在這樣的做法下，如果事後證明你搞錯了，想要把改變恢復回來，相對來說就會比較容易一點（請參見第28章）。所謂的「一點點」，指的是一種認知上的衡量方式，而不是用程式碼的行數來作為衡量標準。它有可能是條件語句裡的一個子句（例如你看到某個判斷條件變成永遠為真）、一個常式、一個檔案、或是一個目錄。

用同樣的寫法做同樣的事
（Normalize Symmetries）

程式碼就像有機體，會不斷的成長。有些人會把「有機」視為一個貶義詞。對我來說，這實在不太合理。我們不太可能一次就編寫出自己所需要的全部程式碼。除非我們已經不再學習任何東西，這樣才有可能做到這種事。

在這樣的有機成長過程中，同樣的問題在不同的時間遇到不同的人，可能就會以不同的方式解決。這樣並沒有什麼問題，不過這樣確實會讓程式碼變得比較難讀懂。從閱讀程式碼的角度來看，你應該還是希望看到比較有一致性的寫法。因為這樣一來你只要看出程式碼裡出現某種特定的寫法，就可以很有自信直接跳到結論，因為你已經很清楚來龍去脈了。

舉個延遲初始化變數（lazily initialized variable）的例子。你可能看過好幾種不同的寫法：

```
foo()
    return foo if foo not nil
    foo := ...
    return foo

foo()
    if foo is nil
        foo := ...
    return foo

# 這個寫法要稍微想一下
foo()
    return foo not nil
```

```
        ? foo
        : foo := ...

# 這個寫法要多想兩下，假設賦值語句本身就是個表達式
foo()
    return foo := foo not nil
        ? foo
        : ...

# 這個寫法要多想好幾下，因為連條件判斷都沒了
foo()
    return foo := foo || ...
```

（再想想看，你能不能再發明或找出更多的變體寫法。）

所有這些不同的寫法，全都是在說「如果我們還沒計算並快取過 foo 的值，那就去進行計算並快取起來」。每一種寫法都有其優缺點。從讀者的角度來看，你應該很快就能適應其中的任何一種寫法。但如果有兩種或好幾種寫法交替使用，整件事就會變得很混亂。從讀者的角度來思考，如果你看到不同的寫法，心裡應該就會預期，那應該是代表不同的意思。但是這裡的不同寫法，反而會掩蓋掉「其實都是在做同一件事」的事實。

請你選定一種寫法就好。然後再把不同的變體寫法，全都轉換成你所選定的寫法。像這種非必要的變化形式，一次只需要整理一種就行了 —— 舉例來說，你可以先針對「延遲初始化」，進行統一的整理。

有時候，有些額外的細節，反而會把一些共通點隱藏起來。你可以先把一些很相似但不完全相同的常式全部找出來。然後再嘗試把其中不同的部分，與相同的部分拆分開來。

第四章

舊的實作方式，搭配新介面 (New Interface, Old Implementation)

假設你需要呼叫一個常式，但介面實在很困難又複雜，讓人很困惑又麻煩。那你就先去實作出你所要的呼叫介面，然後再去呼叫它就行了。實作出來的新介面，其實也只是去呼叫舊介面而已（等你把所有該替換的地方全都替換成新介面之後，你就可以再考慮要不要把新介面裡的實作程式碼，直接套入到每一個被替換成新介面的位置）。

建立直通（pass-through）的介面，在微觀層面上來說，可說是「軟體設計」很根本的一種做法。你真正想做的，其實是行為上的改變。但如果可以透過設計讓介面變簡單，隨後要進行改變也會變得很簡單（至少會簡單一點）。既然如此，那就這樣去做設計吧。

如果你遇到以下的情況，同樣的衝動也是成立的：

- 用倒過來的方式寫程式——你可以先從常式的最後一行開始寫起，就好像你已經把中間需要的東西全都已經寫好了似的。

- 先寫測試程式碼——先從一定要通過的測試開始寫。

- 設計一些輔助函式——如果我已經擁有可以執行 XXX 的常式 / 物件 / 服務，其餘的部分就會變得很簡單。

第五章

閱讀順序

假設你正在讀一個檔案（改天我們可以再來討論一下原始碼算不算檔案）。你讀完整個檔案，讀到最後才發現一個重要的細節！有了這個重要的細節，你才總算能夠理解檔案其餘的所有內容。

這時候你就可以嘗試去把檔案裡的程式碼重新排序，排成更有利於讀者理解的閱讀順序（別忘了，作者只有一個，但讀者通常會有很多個）。

你自己也是個讀者。你才剛剛讀過而已。所以你一定知道怎麼做。

這時候你一定要抵擋住同時進行其他整理動作的誘惑。在讀的過程中，你可能會注意到其他的細節，這些細節可能會讓理解與修改變得比較困難。稍後有時間再來看那些細節吧。要不，你也可以馬上去整理那些細節，之後再來整理閱讀順序。總之，不要把兩件事混在一起做就對了。

有些程式語言對於元素宣告的順序很敏感。也就是說，函式 A 和函式 B 的宣告順序只要一交換，就會產生不同的執行結果。在使用這類程式語言時，請務必小心一點。也許並不用把整個檔案重新排序，只要把讀者最相關的部分重新排序就行了。

沒有任何一種排序方式是完美的。有時候你想要先瞭解有哪些原生元素，然後再去瞭解它們的組成方式。有時你想先瞭解 API，然後再去瞭解實作細節。你自己就是個讀者，所以請好好善用你自己的判斷和（最近的）經驗。你希望看到什麼樣的順序呢？你不妨就把排出來的順序當成禮物，送給下一位讀者吧。

第六章

內聚順序

你讀了程式碼之後，發現程式碼有某個行為需要改變；程式碼有好幾個地方分得很散，通通都要做修改，然後你整個人就浮躁了起來。這時候你該怎麼辦呢？

你可以重新排列程式碼的順序，先讓那些需要修改的元素彼此相鄰。只要是同一個檔案裡的常式，就可以根據內聚的程度來考慮排列的順序：如果兩個常式耦合的程度很高，就把它們放在一起吧。就像目錄裡的檔案一樣：如果兩個檔案耦合的程度很高，你也會把它們放在同一目錄中。程式碼儲存庫其實也一樣：你應該把耦合程度很高的程式碼，先放入同一個程式碼儲存庫，然後再去修改程式碼。

為什麼不直接把耦合消除掉呢？如果你知道怎麼做，那就去做吧。那其實是最好的整理方式；假設如下：

成本（解耦）＋成本（改變）＜成本（耦合）＋成本（改變）

但由於各種原因，解耦的做法或許行不通：

- 解耦可能是一種智力上的挑戰（你不知道該怎麼做）。
- 解耦可能很花錢花時間（你做得到，但你現在沒那個時間）。
- 解耦可能會讓你在關係上面臨很大的壓力（整個團隊都已經用盡全力，做了足夠多的改變，很難再要求大家多花力氣了）。

情況雖然不一定盡如人意，但你還是可以想辦法做出改變。如果整理能增加內聚的程度，只要足以讓行為上的改變更容易，那就很划算。有時候內聚的程度只要稍微改善，就能增加整件事的清晰度，解除掉原本阻擋你進行解耦的任何障礙。有時候更好的內聚程度也可以幫助你，更從容面對各種耦合的情況。

第七章

把宣告與初始化放在一起

變數本身的用意,與變數的初始化設定,兩者之間有時會不同調。變數名稱就像是給你一個暗示,讓你知道它在計算過程中所要扮演的角色。不過,初始化設定則可以進一步強化變數名稱所要傳遞的訊息。如果你讀到的程式碼把宣告(包括變數的型別定義)和初始化分得很開,讀起來就會比較困難。當變數在進行初始化時,你可能已經忘記這個變數相關的背景狀況了。

整理的方式,大概就如下面所示。假設你有一段這樣的程式碼:

```
fn()
    int a
    ... 完全沒用到 a 的一堆程式碼
    a = ...
    int b
    ... 可能有用到 a,但沒用到 b 的一堆程式碼
    b = ...a...
    ... 會用到 b 的一堆程式碼
```

整理的時候,可以直接把變數的宣告與初始化合併成一行:

```
fn()
    int a = ...
    ... 完全沒用到 a 的一堆程式碼
    ... 可能有用到 a,但沒用到 b 的一堆程式碼
    int b = ...a...
    ... 會用到 b 的一堆程式碼
```

你也可以隨意嘗試一下各種不同的順序組合。如果每一個變數都在使用之前才進行宣告和初始化，或是全都在函式的最前面一起進行宣告和初始化，這樣的程式碼會不會比較容易閱讀和理解呢？也許你可以想像自己是個愛搞神祕的作者，再想像一下讀者讀了你的程式碼會有什麼感覺；你可以給他們多留下一些有用的線索，再讓他們去搞清楚怎麼回事。

設定不同變數值的程式碼，前後順序是不能隨便排列的。你一定要尊重變數之間的資料依賴性。如果 b 的初始化會用到 a，就一定要先初始化 a。在做這類整理時，你千萬要記住，一定要維持住資料依賴關係的順序。

如果你必須用人工方式來分析資料之間的依賴性，有一天終究還是會犯錯。也許你本來只是想改進程式碼的結構，但實際上你可能會意外改變程式碼的行為。沒關係。你可以先把已知正確的程式碼版本備份起來，然後再用比較小的步驟來進行整理。整理的做法本來就是如此。在設計上做出很大的改變，實在太困難也太可怕了對吧？那就採取比較小的步驟吧。如果還不行，那就再小一點。這樣還覺得可怕嗎？不怕了？這樣就對啦。

第八章

具有解釋效果的變數

有些表達式是會長大的。即使一開始小小的，到後來還是會慢慢長大。一直長大一直長大。到最後你就得戴上老花眼鏡，試著去瞭解怎麼回事了。

如果你看到一個又長又複雜的表達式，其中有一小段你可以理解其意義，請把這一小段表達式提取出來，再用另一個變數名稱來表達它的意義。

在繪圖相關的程式碼中，經常可以看到下面這樣的情況：

```
return new Point(
    ... 又臭又長的表達式 ...,
    ... 另一個又臭又長的表達式 ...
)
```

像這樣的表達式，在進行修改之前，可以考慮先整理一下：

```
x := ... 又臭又長的表達式 ...
y := ... 另一個又臭又長的表達式 ...
return new Point(x, y)
```

像這樣的表達式，很有可能意味著某個具體的東西，例如寬度、高度、頂部、左側、運行、上升之類的意思。

在這樣的整理過程中，你可以把一些好不容易才搞懂的理解，放回到程式碼之中。這樣你就可以更輕鬆修改其中的某一個表達式（因為現在已經切開了），而且下次需要修改程式碼時，你也可以更快看懂這些程式碼。

和往常一樣，在提交程式碼時，有時只是做整理，有時則是改變行為，請務必把這兩種提交區分開來。

第九章

具有解釋效果的常數

你在讀程式碼時，有時會看到某個不太瞭解的數字。有時候，你會看到整個程式碼不斷重複出現某個常數字串。後來你才知道，那個常數是什麼意思。

用一個符號來代表這個常數吧。然後請改用這個符號，別再用那個常數了。

我的意思是，拜託！當我還是個程式設計菜鳥時，就一直看到這樣的建議，但是不知道為什麼，大家還是覺得下面這樣沒問題：

```
if response.code = 404
    ... 巴拉巴拉巴拉 ...
```

好吧好吧，我好像太愛抱怨了。我並不想去指責製造混亂的人（專業提示：因為很可能就是我們自己在亂搞）。我們只是想對自己好一點，在修改之前先整理一下：

```
PAGE_NOT_FOUND := 404
if response.code = PAGE_NOT_FOUND
    ... 巴拉巴拉巴拉 ...
```

請小心一點。相同的文字可能會出現在兩個地方，卻具有不同的意義。這樣的整理方式，肯定沒什麼好處：

```
ONE = 1
... ONE ... # 你會用到 ONE 的每個位置
```

你讀完程式碼，好不容易才搞懂，這時候只要把你的理解融入到程式碼中，就不用再特別去記了。

這個整理的做法，後續還可以進一步整理，例如把一些會一起改變的常數放在一起，或是把需要一起理解的常數放在一起，至於因為不同原因所定義的常數，則應該要分開來放比較好。這些後續的做法，就靠你自己去摸索吧。耦合、內聚，總之去做就對了。

第十章

明確的參數

你正在讀一些想要進行修改的程式碼,然後你注意到它所用到的一些資料,並沒有明確傳遞給這個常式。該怎麼做,才能讓輸入更清楚呢?

你可以把這個常式拆成兩個部分。第一個部分負責收集參數,然後再把參數明確傳遞給第二個部分。

用一個 map 來傳遞一大堆參數的做法,其實還蠻常見的。讀到這種程式碼,如果想知道究竟會用到哪些資料,其實並不容易。在這種間接的做法下,如果後來其中的參數被亂改,也是蠻可怕的。

舉例來說,如果你看到以下的寫法:

```
params = { a: 1, b: 2 }
foo(params)

function foo(params)
    ...params.a... ...params.b...
```

其實只要把 foo 拆解一下,就可以讓參數變得更明確:

```
function foo(params)
    foo_body(params.a, params.b)

function foo_body(a, b)
    ...a... ...b...
```

另一種情況是，如果你發現在程式碼深處使用到某些環境變數，最好也可以透過參數把它明確指出來。用參數把它明確指出來之後，接著要做好準備，因為一連串做出呼叫的函式，全都要跟著把它明確放到函式的參數中。這樣可以讓你的程式碼更容易閱讀、更容易測試，也更容易進行分析。

第十一章

把程式碼切成一塊一塊的

本章的整理做法，可以說是最簡單的一種整理做法。你在讀一大段程式碼時，慢慢就會意識到，「哦，這個部分在做的是**這件事**，然後那個部分在做的是**那件事**。」只要在各個部分之間，放個空白行就行了。

我超級喜歡這種超級簡單的整理做法。這其實也是「先整理一下？」哲學的一部分——別讓軟體設計變成一件大事，否則你可能就不會去做了。軟體設計可以促進改變。軟體設計上小小的做法，就可以稍微讓改變變得更容易。

這其中還有一個很酷的東西——複利效應。軟體設計本身，也會讓更多的軟體設計變得更容易。這既是一種祝福，也是一種詛咒。你有可能會陷入設計的漩渦，而忘了原本是想去做改變。千萬別這樣。如果做得好，軟體設計應該要能夠促成那種真正會實現改變的軟體設計。

把程式碼切成一塊一塊之後，你還有許多道路可以繼續前進，例如具有解釋效果的變數（第 8 章）、提取輔助函式（第 12 章）、或是具有解釋效果的註解說明（第 14 章）。

提取輔助函式

你經常會在常式中看到一段程式碼，這段程式碼有很明確的目的，但是與常式裡其餘的程式碼只有極少的交互作用。請把它提取出來，變成一個輔助函式吧。你可以根據這個常式的目的（而不是根據它的運作方式）來給這個常式取個名字。

有重構意識的人，看到這樣的整理做法，就知道這其實是在「提取方法」。要進行這類整理／重構的做法，如果沒有自動重構的工具，做起來可能還蠻麻煩的。這就是為什麼你應該選擇具有自動重構功能的開發環境，這件事很重要的一個理由。畢竟現在都已經是 21 世紀了。

我想要再提一下，提取輔助函式的幾個特殊情況。第一種情況，就是你必須在一個更大的常式中，改變其中的好幾行程式碼。你可以先把這幾行程式碼提取出來，變成一個輔助函式，然後再去修改輔助函式裡的這幾行程式碼；接下來如果沒問題的話，你就可以把這個輔助函式裡的程式碼，放回到原本的那個常式中（不過你可能會發現，自己越來越喜歡那個輔助函式，於是就把它留下來繼續使用了）。所以，下面這段：

```
routine()
    ... 保持不變的部分 ...
    ... 需要改變的部分 ...
    ... 保持不變的部分 ...
```

就可以變成：

```
helper()
    ... 需要改變的部分 ...

routine()
    ... 保持不變的部分 ...
    helper()
    ... 保持不變的部分 ...
```

（如果你已經讀過本書後面的內容，就知道這其實就是內聚，或者也可以說，我們創建了一個具有內聚力的元素。如果你還沒那麼清楚，先別擔心，我們之後就會說明。）

第二種情況，則是為了表達時間上的耦合性，例如呼叫 b() 之前要先呼叫 a()，這時我們也會試著去提取出輔助函式。如果你經常看到：

```
foo.a()
foo.b()
```

你就可以去建立下面這樣的東西：

```
ab()
    a()
    b()
```

越看越喜歡，並不是把輔助函式留下來的唯一理由。你會發現自己經常想去用剛才所建立的那個新輔助函式，幾小時或甚至幾分鐘之後，你果然又用到它了。這時候你就可以開始用「介面」這個工具來思考問題了。如果你已經準備好進行更抽象的思考，接下來就會開始浮現出新介面的想法，然後在我們的設計中加入新的概念。

使用輔助函式時不用想太多，只要能適用就大膽去用吧。這種使用輔助函式的做法，也可以在其他的整理做法中一併處理。（有些工具會自動辨識出適合使用輔助函式的所有位置，並自動進行修改。感謝老天，有這樣的工具實在太棒了！）

第十三章

匯聚成一堆

有時候，你在讀的程式碼會被拆分成好幾個小片段，但這種拆分方式反而會阻礙你理解程式碼。你可以先把這些程式碼盡可能匯聚成一堆，最後變成一大堆的程式碼。然後，再開始進行整理。

程式碼最大的成本，其實是閱讀與理解程式碼的成本，而不是編寫程式碼的成本。先整理一下的做法，往往會製造出大量的小片段，因為理論上來說，這樣可以增加內聚的程度，也可以減少耦合，而且實務上來說，這樣也可以減少需要隨時記住的細節量。

這種小片段的傾向，目的就是讓我們一次只需要理解一點點程式碼就行了。但有時候這樣反而有問題。因為小片段之間的互動方式，反而會讓程式碼變得更難理解。為了重新讓程式碼變得更清楚，就必須先把程式碼整併起來，才能進一步從中提取出一些新的、更容易理解的部分。

你可以觀察下面這幾個症狀：

- 又臭又長，有很多重複的參數列表
- 重複的程式碼，尤其是重複的條件判斷
- 命名不當的輔助函式
- 共用的可變（mutable）資料結構

既然整理的做法會傾向於拆分出更多、更小的程式碼片段，這裡的整理做法卻又要把程式碼匯聚成一堆，這感覺實在很奇怪。不過，這樣的做法卻有一種奇怪的滿足感。我一直以來都是用拆分程式碼的方式，來試圖理解程式碼。拆到後來我都開始懷疑這樣對不對了。於是我就來個 180 度反轉，開始去把程式碼匯聚成一堆（這時候自動重構工具真的很好用，不過如果有需要的話，我會用人工方式來做這件事）。突然之間，一切都清楚了！

隨著那一堆程式碼越堆越大，在我的腦海中也會開始出現某種形狀。原來如此 —— 先算這個，然後再用它來算那個！為什麼當初沒直接搞清楚呢？接下來我又開始想問那個問題了：我應該先整理一下嗎？還是說，既然我現在已經看出問題所在，不如就直接做修改？

第十四章

具有解釋效果的註解說明

你知道的，在閱讀程式碼的過程中，有時候你會突然茅塞頓開：「哦，原來是這樣！」那真是寶貴的時刻。一定要把它記錄下來。

只要把程式碼中不夠明顯的東西寫下來就行了。你可以假設自己是未來那個讀者，或是15 分鐘前的自己。你會想知道什麼呢？也許你會寫下這樣的提醒：「因為要盡可能減少網路呼叫的數量，所以接下來會比較複雜。」

這感覺就好像要寫信給某個人，這個人很可能跟你不太像。你是電腦科學家團隊裡唯一的生物學家嗎？這樣的話，你最好還是把程式碼其中關於生物學的背景解釋清楚，就算這些對你來說實在很明顯，你也應該這麼做。重點就是要從別人的角度來思考，並嘗試早一步解決可能出現的問題。

如果你遇到某個檔案，最前面沒有任何註解說明（header comment），請考慮幫它添加一段註解說明，告訴未來的讀者，來讀這個檔案或許有什麼用處。（謝啦，Allan Mertner。）

一發現問題，當下就是留下註解說明的一個好時機。舉例來說，

```
// 如果又要添加新的狀況，記得一定要去修改 ../foo
```

在程式碼裡有這樣的耦合，其實並不是很理想。到最後，你還是必須學會如何把它消除掉，不過在此之前，最好還是添加一個能指出問題的註解說明，而不是把問題埋進沙子堆裡當作沒看到。

第十五章

刪除掉多餘的註解

如果你看到一段註解說明，說的東西與程式碼本身完全相同，就把它刪除掉吧。

程式碼的目的，就是向其他的程式設計師解釋，你想讓電腦做什麼事。針對你這個寫程式碼的人，以及未來讀程式碼的人，註解說明與程式碼各自做出了不同的取捨。你可以用散文的形式，自由說明任何你想要解釋的東西。但另一方面，雖然狀況會改變，可是卻沒有任何機制可以幫你檢查註解說明的正確性，而隨著程式碼的發展，註解說明很有可能就會變得很多餘。

對於註解說明的溝通功能，有些人抱持著很狹隘的看法，堅持一定要遵守某一些教條式的規則，例如規定每個常式都一定要寫註解說明。正因為如此，所以才會出現下面這類的註解：

```
getX()
  # 送回 X
  return X
```

像這樣的註解說明，只有成本的付出，卻不會帶來任何好處。身為寫作者，你這樣只是在浪費讀者的時間而已——那些時間是拿不回來的。如果是完全多餘的註解說明，刪除掉就對了。

整理工作經常都會一個串一個、形成連鎖的效果。之前所做的整理，可能會讓某些註解說明變得很多餘。舉例來說，原本的程式碼可能像下面這樣：

```
if (generator)
    ... 對 generator 進行設定的一堆程式碼 ...
else
    # 沒有 generator，直接送回預設值
    return getDefaultGenerator()
```

用守衛語句來進行過整理之後，程式碼就會變成下面這樣：

```
if (! generator)
    # 沒有 generator，直接送回預設值
    return getDefaultGenerator()
... 對 generator 進行設定的一堆程式碼 ...
```

原本那行註解說明並不算多餘。它可以讓我們在讀完一堆不同背景條件（有 generator，需要進行設定）的整段程式碼之後，重新把注意力拉回到另一個背景條件（沒有 generator）的情況。不過在整理過之後，那行註解說明就會變成只是把程式碼的作用再簡單重新說一遍而已。所以，把它刪除掉就對了。**再見，莎喲娜啦**，慢走不送啦。

我們到了本書第二部分，還會再談談整理的這種連鎖效應。

管理

「整理」是軟體設計的一環,針對的是你這個人、你與程式碼的關係,以及你與你自己的關係。本系列的下一本書,我們會探討整個團隊一起執行軟體設計的理由與做法。接下來,我們則會針對程式設計師以外的其他人,探討軟體設計在這些關係裡所扮演的角色。「整理」這件事,其實只是針對極客自己的一種自我照顧而已。

只要透過練習,你就能掌握整理的技巧。其中大多數的做法,並不需要自動化的支援。重構逐漸被接受的這幾十年來,即使是到了今天,程式設計環境針對重構這件事,還是很缺乏自動化支援,這點實在很讓人難以理解。但好吧。希望你已經很習慣一次只邁出一小步,一點一滴持續不斷的進行軟體設計。整理可以說就是重構的入門之道。

光只是能夠識別出各種整理的機會,並懂得套用整理的做法,並不代表你已經完全掌握整理的奧義。本書的書名是《先整理一下?》(*Tidy First?*),重點其實是那個問號。此刻我想承認一件事——知道怎麼整理,並不表示你就應該去做整理。

本書的第二部分,談的就是整理的管理,我們將會討論如何把整理這件事,納入到個人開發工作流程中:

- 什麼時候要開始做整理?

- 什麼時候要停止做整理?

- 如何把整理、改變程式碼結構、改變系統行為這三件事結合起來?

我們一開始可以先來討論一下,整理這件事,如何與「拉取請求」(PR;pull request)和「程式碼審查」(code review)這兩個工作流程互相搭配起來。

第十六章

把整理工作切分出來

我們暫時假設，你在寫程式的時候，採用的是拉取請求（PR）／程式碼審查的開發模式（稍後我也會提出另一種替代做法）。你會把整理這件事，放在哪個位置呢？

下面就是一個「追著尾巴跑」（tail chasing）的醜陋做法：

1. 我把整理工作與行為上的改變混在一起。

2. 審查者向我抱怨，說我的 PR 拖得太長了。

3. 我把整理工作切分出來，讓它擁有自己的 PR，然後把它放在行為改變的前面（這種情況居多）或後面。

4. 審查者向我抱怨說，這種整理類 PR 根本就沒意義。

5. 回到 1。

整理這件事總要有個地方去做，要不然就是完全不做。究竟應該在哪裡做呢？直接跳到結論的話，就是：放到獨立的 PR 中，然後每個 PR 所做的整理盡量越少越好。

我們就來深入探討一下其中的取捨。剛開始學習如何做整理的人，好像都會經歷好幾個可預期的不同階段。在第一個階段，我們只懂得做出各種改變，而且一開始這一大堆的改變，並沒有什麼特別的區別（圖 16-1）。

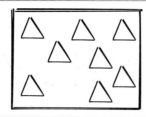

圖 16-1　一大堆的改變，沒什麼特別的區別

假設我們正在修正一個 if 語句，修到一半發現有個名稱錯了，於是就順手把它修正過來，然後再回頭繼續修正這個 if 語句。在這個階段，改變就只是改變而已。

學會整理的做法之後，感覺就好像顯微鏡底下的圖片焦點變清楚了。其中有一些改變，改變的是程式的行為屬性，也就是程式執行過程中可以觀察到的一些改變。另外還有一些改變，改變的是程式的結構。像這樣的改變，只有直接去查看程式碼才能看得出來：如圖 16-2 所示，B = 行為（Behavior），S = 結構（Structure）。

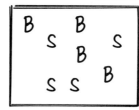

圖 16-2　行為上的改變和結構上的改變

在這個階段，我們對行為上的改變和結構上的改變，還沒有什麼特別的想法和做法——我們只是意識到，可以把改變分成兩種而已。

經過一段時間之後，我們就可以開始察覺出一些共通的流程。如果先把程式碼切成一塊一塊的，接下來經常就可以提取出一些具有解釋效果的輔助函式，再接下來我們就會更容易去做出行為上的改變。如此一來程式設計這件事，就變得更像是下一盤西洋棋，你可能在好幾步之前，就可以猜出整盤棋大概會怎麼發展了（圖 16-3）。

```
BSSBSSSBBS
```

圖 16-3　行為上和結構上的改變，依序排列

請注意，這時候我們還只是用了一個很大的 PR，把所有改變全都包在一起。目前我們還只是處在「追著尾巴跑」這個循環的第 1 步而已。我們所做的每個行動都有其目的，要不是為了做出某個簡單的改變，要不就是為了更容易做出改變。不過，把所有這些全都混在一起，實在有點亂。審查者會抱怨，也是很正常的事。

於是，我們開始嘗試把改變區分成兩種獨立的 PR。一系列的整理（甚至只是一次小小的整理），會被放進一個獨立的 PR。行為上的改變，也會放進一個獨立的 PR。每次在「整理」和「行為改變」之間進行切換時，我們都會開一個新的 PR（圖 16-4）。

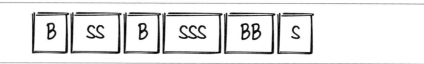

圖 16-4　行為上的改變和結構上的改變，會分別放進獨立的 PR

PR 應該如何整併或拆分，這也是一件需要權衡取捨的事情。你可以從動機的角度來思考。一個比較大的、包羅萬象的 PR，可以呈現出比較完整的情況，但對審查者來說，其中所包含的改變可能太多了，這樣就很難提供真正有用的回饋意見。比較小的 PR 則可以讓回饋意見限縮在比較小的範圍，但是也有可能讓審查者陷入瑣碎的枝末細節中。

審查過程如果拖得比較長，也會影響到大家的動機。如果程式碼審查的速度很快，就等於是鼓勵你多去建立一些更小的 PR。這種更有針對性的 PR 也會鼓勵審查者加快審查。同樣的道理，這個循環也可能反過來：比較慢的審查速度，只會鼓勵 PR 變得更大，而更大的 PR，也會拖慢後續的審查。

如果你可以做出讓人很放心的整理，懂得用小小的步驟去進行整理，而且會用絕對安全的方式進行整理，這樣我就會鼓勵你去嘗試，讓這種整理類的 PR 不再需要進行審查。這樣就可以進一步降低延遲的影響，從而激勵大家多去提交一些比較小的整理類 PR。

第十七章

連鎖效應

整理就像洋芋片。你吃了一片，就想再吃一片。控制住想要做整理的衝動，其實是一個很關鍵的整理技巧。你才剛剛整理過；還應該再多整理一下嗎？這其實要看情況（我們會在第三部分討論一下，究竟要看什麼情況）。

你想要踏出多大的步伐，由你自己決定，不過我還是要鼓勵你，整理時盡量保持小小的步伐。然後盡可能去優化每一步。表面上來看，你好像在奔跑，但你知道自己其實就像蜈蚣一樣，實際上是邁出了許多小小的步伐。

整理就像是下一盤棋，你多多少少都可以預見接下來幾步的發展。我們就來看看各種整理的做法，如何進一步帶動其他整理的做法：

守衛語句

一旦你採用守衛語句的寫法，判斷條件可能就會變簡單，讓你可以提取出某個具有解釋效果的輔助函式，或是提取出某些具有解釋效果的變數。

沒用到的死程式碼

一旦刪除掉一堆亂七八糟的死程式碼，也許你就可以看得出來，如何根據閱讀順序或內聚順序，來重新排列程式碼。

用同樣的寫法做同樣的事

如果你確實可以做到，同樣的工作都用同樣的程式碼來實現，不同的工作就用不同的程式碼來實現，這樣你就可以把一些邏輯意義上平行對等的程式碼，按照閱讀順序來進行分組。舉個例子，有一次我在處理一個檔案，其中包含了好幾個 Web 入口點。由於程式碼看起來都很相似，所以我很自然就把它們分組放在檔案的最前面，變成了其餘程式碼的一個目錄。

舊的實作方式，搭配新介面

一旦你有了一個閃亮的新介面，你一定想好好善用它。如果你沒有好用的自動重構工具，去針對所有呼叫到新介面的地方進行轉換，你就只好一個一個進行人工轉換。這是我們第一次見識到所謂的扇出（fanout）的威力——一個整理動作，導致了更多的整理需求，而每個整理需求，又會導致更多的整理需求（稍後我們談到耦合和冪次律時，還會再多做討論）。

閱讀順序

建立好閱讀順序之後，你可能就會看到一些機會，可以讓同樣的事，全都採用同樣的寫法。因為之前各個元素相隔的距離比較遠，以至於你看不到其中的相似之處。

內聚順序

根據內聚順序把元素放到一起之後，下一步或許就可以考慮把它們提取到一個子元素中。舉例來說，你可以建立一個輔助物件（helper object），不過這樣的做法，已經超出整理的範疇了。話雖如此，但如果你在整理過程中很自在、很有自信，你很自然就可以看出更大規模的設計變更做法，進一步讓行為上的改變變得更加容易。

具有解釋效果的變數

具有解釋效果的變數，它的賦值表達式等號的右側，或許可以變成一個具有解釋效果的輔助函式（然後你或許可以把程式碼裡用到這個變數的每個地方，全都改成用輔助函式來表示）。變數名稱本身所提供的解釋效果，或許也可以讓你刪除掉一些多餘的註解。

具有解釋效果的常數

提取出具有解釋效果的常數，經常會導致內聚順序的改變。把一些會同步改變的常數放在一起，也可以讓未來的改變更容易一點。

常數應該放在哪裡、應該怎麼安排，其實有一套完整的哲學。我並不打算在這裡做完整的討論——你只要挑一些能讓工作變容易的做法就行了。沒錯，容易一點總是好事。

明確的參數

把參數變得很明確之後，接下來你就可以把一整組參數整合到一個物件裡，然後把程式碼也移入這個物件中。這樣的做法其實已經超出整理的範疇，但你還是可以多留意整理過程中新浮現出來的抽象概念。有時你會發現，有些最厲害的抽象概念，往往都是從實際在執行的程式碼衍生出來的。如果光是靠推測，你絕對無法創造出那樣的東西。

把程式碼切成一塊一塊的

你可以在每一塊程式碼片段的前面，加上一段具有解釋效果的註解說明。你也可以把其中一塊提取出來，變成一個具有解釋效果的輔助函式。

提取輔助函式

提取出輔助函式之後，你也許可以嘗試導入一個守衛語句，提取出具有解釋效果的常數和變數，或是刪除掉多餘的註解說明。

匯聚成一堆

匯聚出一大堆明顯亂成一團的程式碼之後，接下來就可以嘗試重新把程式碼切成一塊一塊的、加入具有解釋效果的註解說明，或是嘗試提取出輔助函式，以作為後續的整理方式。

具有解釋效果的註解說明

如果可能的話，可以嘗試導入具有解釋效果的變數、常數或輔助函式，把註解說明裡的資訊，移入到程式碼之中。

刪除掉多餘的註解

消除掉多餘的註解之後，就會少掉一些干擾，這樣也許就可以協助你看出更好的閱讀順序，或是看出把參數變得更明確的機會。

因為有人喜歡指責我反對註解，所以我要再次強調，你只需要刪除掉那種絕對是多餘的註解就行了。另外你也要注意，不要去寫出那種絕對是多餘的註解。身為軟體設計師，你的工作就是讓你自己和你的團隊，不管現在或未來都能獲得成功。

由於「改變」就是軟體開發的主要成本，而理解程式碼則是改變的主要成本，因此好好傳達程式碼的結構與意圖，就是你可以多加鍛鍊的其中一種最有價值的技能。註解說明是「溝通」的一種形式，但各種整理的做法，也可以讓你透過其他的程式設計元素，去探索溝通的極限。

結論

你可能會開始把許多整理做法串聯起來，對程式碼結構做出比較大的改變。請務必小心留意，不要做出太多、太快的改變。一連串成功的整理，抵不過一次有問題的、成本昂貴的整理。這就像是在練習每個音階的音符，請好好練習怎麼做好整理這件事。等你能夠輕鬆俐落處理好各種不同的音符，你就能編寫出美妙的旋律了。

第十八章

每批所包含的整理數量

在進行整合與部署之前,你應該把整理工作做到什麼程度?

嗯,有好幾個考慮因素:

- 你需要把整理工作做到什麼程度?換句話說,如果我們把「整理」定義成,為了支援後續行為上的改變,所要做的結構上的改變,那麼這個問題就會變成,我們需要做出多少結構上的改變,才能支援後續行為上的改變?整理並不用去展望遙遠的未來。只要滿足眼前的需求就行了。(稍後我們在第 21 章討論「先做 / 後做 / 晚點再去做」的時候,還會有更多的討論。)

- 整理工作要做到什麼程度,才會比較容易進行整合與部署?

我們之前在第 16 章討論過,不要把整理這件事,與行為上的改變混在一起。不過,我們還是有一個懸而未決的問題:究竟應該一次就把所有的整理工作整批做掉,還是一個一個分別去做掉,亦或是在兩者之間選一個中庸的做法(圖 18-1)。

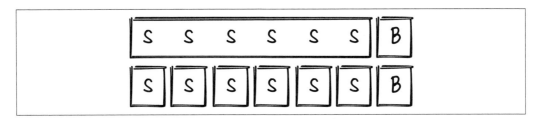

圖 18-1　結構上的許多改變,究竟應該整批一次做掉,還是一個一個分別去做掉?

這時我們勢必要做出一番權衡取捨，這也就是所謂「金髮姑娘的兩難困境」（Goldilocks dilemma）。這其中究竟有哪些因素，可以讓我們去進行評估，每批所包含的整理數量，什麼情況下算是太少、什麼情況下又太多，什麼情況下才算是恰到好處（圖 18-2）？

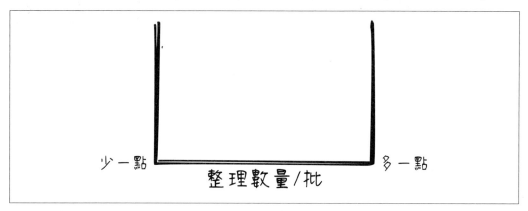

圖 18-2　每批所包含的整理數量，需要進行權衡取捨的空間

圖 18-3 顯示的是，每批所包含的整理數量越多，成本也會跟著上升。

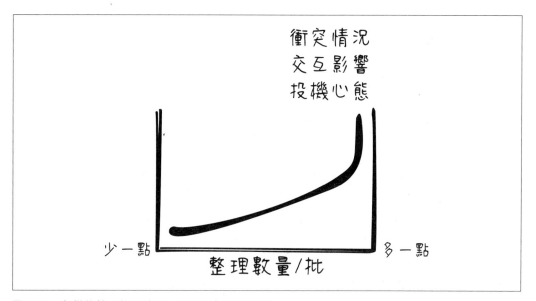

圖 18-3　每批的整理數量增加，成本也會隨之增加

這其中的成本包括：

衝突的情況

　　每批所包含的整理數量越多，整合前的延遲時間就越長，所整理的東西與其他人正在進行的工作，兩者之間發生衝突的可能性也就越大。一旦遇到程式碼合併衝突的情況，合併的成本就會上升一個數量級。（提醒一下，所有這些「數字」只能說方向是對的，目的只是為了協助你訓練出這方面的直覺。）

交互的影響

　　批量處理有時也會意外改變行為，這種可能性同樣會隨著每批的整理數量增加而上升。只要出現這種交互的影響，合併的成本同樣會急劇上升。

投機的心態

　　我知道我們曾經說過，整理的程度只要做到足夠支援後續行為上的改變就可以了，但不可否認的是，每批所包含的整理數量越多，我們就會越傾向去做更多的整理，因為……反正都已經產生那麼多額外的成本了嘛。

所有這些因素，都會讓我們在整合與部署之前（這是同一件事，對吧？），想去降低每批所包含的整理數量。然而，我確實看過那種一次就包含一大批整理工作的情況。難道我們還有什麼沒提到的考量嗎？請看一下圖 18-4。

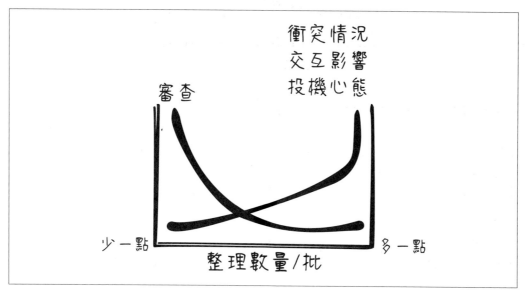

圖 18-4　若減少每批所包含的整理數量，審查的成本就會跟著上升

在許多組織中，任何改變想要通過審查進行部署，都會有很高的固定成本。程式設計師一定可以感受到這樣的成本，因此就算會拉高衝突情況、交互影響和投機心態的成本，他們還是會朝著權衡取捨空間的右邊一直靠過去。

怎麼辦？該怎麼做呢？

有些人好像認為，上面的成本曲線仿佛被刻在石碑上不容挑戰，簡直就像是程式開發宇宙的物理定律那樣牢不可破。但實際上並非如此。如果我們真的想降低整理的成本，以便多做一些整理，進而降低行為改變的成本，那我們倒是可以試著去降低審查的成本（圖 18-5）。

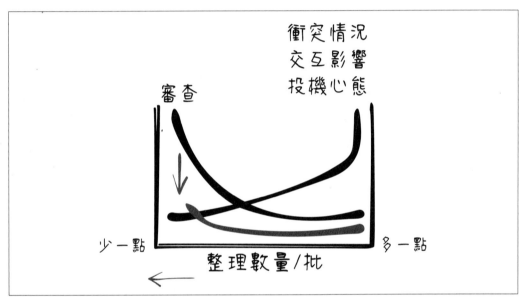

圖 18-5　降低審查成本，並減少每批的整理數量，以降低整理的成本

你和你的團隊一定要想辦法搞清楚，如何才能夠確實降低審查的成本。在一個彼此互相信任、擁有強大文化的團隊裡，整理這件事根本就不需要進行審查。首先，至少要降低交互影響的風險，因為這樣一來，整理工作就算不進行審查，也不至於破壞軟體本身的穩定性。

如果想要達到必要的安全與信任程度，以消除掉整理審查的需求，整個過程通常都要花好幾個月的時間。多練習，多實驗。大家一起針對錯誤，好好進行審查吧。

第十九章

節奏

讓我們回到最開始的地方。你之所以會去做整理，是因為將來可以更容易去改變系統的行為。你確實想讓未來更容易去改變行為，因為這麼做是值得的（如果有人反對，稍後我們就會從經濟學角度切入）。接下來我們要在本章談什麼呢？我們是否應該短暫享受整理工作所帶來的片刻輕鬆，然後盡快回頭做那些艱難的行為改變工作？還是我們可以一小時又一小時去做那些讓人樂而忘憂的整理工作？

整理的管理藝術，其中有一部分就是管理整理的節奏。我們在前一章就看過下面這張圖（圖 19-1），鼓勵大家去進行小批量的整理。

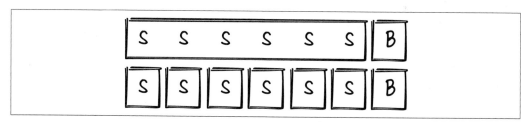

圖 19-1　許多結構上的改變，整批一起處理，或是各自分別獨立處理

一連串結構上的改變，後面再跟著一個行為上的改變，這樣需要花多少時間呢？

呃，軟體設計是碎形的（fractal），所以時間可以是任何尺度。不過，以本書的目的來說，我們關注的是軟體設計其中的一種時間尺度：對個人有影響的軟體設計。在這樣的情況下，我們關注的就是幾分鐘、最多一小時的時間尺度。在做出行為上的改變之前，如果需要進行一小時以上的整理，或許這就表示你已經忘記——為了實現你所要改變的行為，你只需要進行最小程度的結構改變就可以了。

不過，還有另一種可能性，就是程式碼實在太亂，這樣你或許就可以在做出行為上的改變之前，先花好幾個小時去進行整理，多少還是有一定的好處。但如果真的是這樣，這種情況也不應該持續太久。軟體設計其實有一種強烈的「鋪出道路」（pave the path）傾向。

如果你還沒有聽過這個說法，故事是這樣的：有一所大學蓋了一堆建築物，規劃者想在建築物之間找出可設置人行道的位置。不過，他們並沒有仔細去規劃，只是在建築物之間種滿了草。

經過幾個月之後，學生們就在這些草地上踏出了一些小徑。然後，規劃者只要把那些被踏平的區域全部鋪平，這個工作就完成了。

行為上的改變，往往會在程式碼裡逐漸匯聚起來。根據 Pareto 的說法，80% 的改變其實都發生在 20% 的檔案中。先整理一下其中一個好處就是，整理本身也有把東西匯聚起來的效果。這些匯聚起來的東西，經常恰好是在行為上最需要進行改變的地方。

就算你一開始很專心做整理，但你很快就會發現，自己越來越想對那些整理過的程式碼，做出行為上的改變。像這樣持續一段時間之後，你就會發現有很多的改變，都是出現在整理過的程式碼之中。到最後，就算系統裡大部分的程式碼你都沒動過，但你想再找出需要整理的程式碼，也沒那麼容易了。

這就是我為什麼可以這麼有信心地說，整理通常就是幾分鐘到一小時左右的活動。沒錯，它有時確實需要花更長的時間，但這樣的情況通常不至於持續太久啦。

第二十章

解開糾纏

你正在改變某些程式碼的行為。你已經看出其中有某種整理方式,可以讓程式碼的行為更容易進行改變。於是你便開始進行整理。然後你又寫出另一個測試案例。這下子你又需要多改變一些行為了。這樣又會導致更多的整理工作。過了一個小時之後,你終於:

- 真正瞭解所有需要去做的、行為上的改變

- 真正瞭解所有可以讓這些行為上的改變更容易的整理方式

- 各種雜亂的整理工作和行為上的改變,全都糾纏在一起

這時候你至少有三個選擇,但全都沒什麼吸引力:

- 按照原本的樣子提交出去就好了。這對於審查者來說還蠻不禮貌的,而且很容易有錯誤,不過速度上是蠻快的。

- 把整理和改變各自拆分成單獨的 PR、或是一連串的 PR、或是把一系列的提交放入單獨一個 PR 裡。這樣確實比較有禮貌,但恐怕需要進行大量的工作。

- 放棄掉你之前所花的功夫,直接重新開始,然後先整理一下。這樣所要做的工作會更多,但可以留下比較有連貫性的提交鏈。

沉沒成本謬誤(sunk cost fallacy)會讓這些選項之間的選擇,變得很複雜。你弄了一些新的測試。測試已經通過了。幹嘛還要把它丟掉呢?

答案還是沒變,因為你並不只是要指揮電腦去做什麼,其實你也要向其他人解釋清楚你對電腦的意圖。「指揮電腦去做什麼」最短的路徑,並不是一個很有趣的終極目標。

本書探討至此，你應該知道我會鼓勵你盡量去嘗試最後一個選項，這你應該也不會感到驚訝了吧。重新開始實作的過程中，你看到新東西的可能性也會跟著增加，這樣你就能從同樣的這些行為上的改變，榨取出更多的價值。

如果想解開糾纏，首先就是要察覺到，你有某些東西糾纏在一起了。你越早意識到需要理清頭緒，所要做的工作就越小（而且策略之間的決定，也會變得越不重要）。不管是先做整理還是後做整理，只要你有意識開始進行整理，一開始你或許會在「順利做出改變」和「天呀我在幹嘛？」這兩種狀態之間來回擺蕩，搞不清楚該怎麼做才好。別擔心。經歷過一連串整理與改變之後，你就會越做越好了。

既然談到「先做整理、後做整理」，接著就來談談時機的問題吧。

第二十一章

先做、後做、
晚點再去做、完全不做

我們來討論一下，系統如果需要做出行為上的改變，什麼時候是進行整理的最佳時機。先做整理，然後再改變行為？先改變行為，然後再做整理？或者只是把這一團亂（會讓未來行為上的改變變得更困難）先記下來，然後晚點有空再回頭去做整理？或者是，乾脆完全不做整理？

完全不做

我們就從最後一種情況開始討論好了。和往常一樣，我們來檢視一下完全不做整理的做法，其中所牽涉到的權衡取捨。什麼樣的情況下，我們應該說：「沒錯，這真是超大一團混亂，但我們還是刻意選擇完全不做任何整理」？最好的理由就是，我們永遠都不會再去改變程式碼的行為了。

我之所以用這種方式來陳述條件，是因為程式碼完全不會再改變行為，確實是極為少見的情況。不過，實際上真的有可能出現這種情況。如果是一個真正的靜態系統，「只要它沒壞，就別去修它」，這應該是很合理的做法。

晚點再去做

有些人認為晚點再去做整理，純粹只是一種幻想，就像是幻想著這個世界有獨角獸、有誠實的政治家一樣不切實際。「晚點再去做整理」的做法之所以不受待見，是因為現在就去做整理的話（無論是先做整理還是後做整理），有可能需要整理的東西實在太多，這時「晚點再去做整理」往往就會被當成正當的藉口。但是我在這裡可以告訴你，你真的「可以」晚點再去做整理。不過，這是有先決條件的；而且，你很可能不會喜歡這個先決條件。

你有足夠的時間去做你的工作嗎？我的意思並不是問你有沒有很多的時間，當然沒有，對吧。我也不是問你，除了原本有時間去做的事之外，還有沒有很多別的事要做；因為我知道，你當然還有很多別的事要做。你只需要問你自己：「如果我有非常充足的時間，我會怎麼做事？」如果你的答案，與你現在實際正在做的事很不一樣，那就表示你的答案是不夠，你並沒有足夠的時間去做你的工作。

不過，我希望你可以再重新檢視一下「沒有足夠的時間去做你的工作」這個認知背後的假設。我曾與一些經營了很久、利潤很高、一直以來都很成功的大型企業合作過。雖然他們已經如此成功，理應有更充足的時間去做事，但他們還是相信自己沒有時間、也絕不會有足夠的時間，去做好所有的工作。好像怪怪的，對吧？這感覺就好像天上飛的鳥，只要膽敢去質疑物理定律，就會突然從天上掉下來似的。

好吧，假設你暫時（只是暫時）相信，你確實有足夠的時間去做你的工作，你會怎麼做？也許你會先列出一份「雜事」列表，打算晚一點有空再去做整理（我稱這個列表為歡樂列表，因為我對「歡樂」這兩字有蠻特別的看法）。後來你有了點時間，但你並沒有興沖沖跑去實作其他功能，而是瀏覽了一下你的歡樂列表，然後在心裡暗忖：「現在我有一個小時的時間。我可不想做什麼大事。何不來試試列表裡的第四項呢？然後，你或許真的就去做了。

這就是晚點再去做整理的做法。實際上真的會出現這樣的情況。建議你不妨試試看。然後你就會發現，確實會出現這樣的情況。

整理可以讓我們在未來更容易對系統做出行為上的改變（其中的機制會在本書第三部分進行探討）。如果系統裡有個區塊保證一定會有改變（「保證」是很強烈的用詞），只要對這個區塊做整理，讓未來的改變更容易，這樣就可以創造出一些價值了。

不過晚點再去做整理（也就是整理工作並沒有直接與行為上的改變相關聯）則是透過不同的方式來創造出價值。比如說，混亂的程式碼會像抽稅般成為一種持續的負擔，而晚點再去做整理則可減輕這樣的負擔。舉個例子，假設你正從舊的 API 遷移到新的 API。你已經把直接受影響的一些呼叫點，全都改用新的 API，但是還有另外一百多個呼叫點，可以等晚一點再進行遷移。只要全部遷移完成，你就可以把舊的 API 刪除掉了。但是在遷移完成之前，只要是在新 API 裡所做的改變，舊 API 裡也都要做出相應的改變。

把所有的呼叫點全都整理好，並不是毫無意義的浪費。一旦你把遷移工作全都完成，特定某一類的改變就會變得容易許多。也許你現在並沒有那麼迫切需要降低這類的成本，但如果能把鞋子裡的小石頭拿掉，一定可以讓你走得更舒服。

晚點再去做整理的另一個理由，就是可以作為一種學習的工具。其實程式碼似乎「知道」自己想要的是什麼樣的結構。如果你有好好傾聽與觀察，然後把程式碼從原本的結構改成它真正想要的結構，你一定可以從中學習到某些東西。整理是一種很棒的方式，可以讓你確實感受到設計的細節後果。整理經常可以讓設計展露出它該有的面貌。

最後一個理由就是，晚點再去做整理的感覺其實還蠻好的。軟體開發畢竟是由人類來完成的一個過程。我們都是人類，自然會有人類的需求。有時候我就是沒那個精力去處理新的功能，但我還是想要做點事。這時候只要從歡樂列表裡挑選出一個項目，然後去做一些整理工作，這樣就能給我帶來快樂。千萬不要低估身為程式設計師的你，在真正感覺到快樂時，會厲害到什麼樣的程度。

後做

假設你需要改變某些行為。但是程式碼實在很亂。你根本看不出來，究竟應該怎麼整理才好。而你無論如何都一定要去改變那些行為（這樣其實蠻好的——亂這件事終究不能拿來當作藉口）。等你改好之後才發現，原本要是有先做整理，你所做的改變真的可以變得更容易！現在既然都已經改好了，那些整理工作還需要去做嗎？

這還是要看情況。你還會不會再次改變這同一區塊的行為呢？（答案很可能是「會」，理由我們將在本書的下一部分說明，但這裡還是請你善用自己的判斷。）如果你之後還是會去改變這個區塊的行為，那麼這次改完之後再去做整理，還是蠻有意義的。

既然你下次還會再來改變這個區塊的行為，現在何不先去做個整理呢？等到以後才去做整理，可能就會變得更困難。因為到時候你很有可能已經忘記，現在整理起來比較容易的理由。而且其他的改變，也有可能干擾到你現在想做的整理。如果晚點才去做整理，只會大大增加整理的成本，請你務必慎重考慮，現在馬上就去做整理吧。

另外，我們所說的整理，究竟要做到什麼程度呢？假設行為上的改變花了你一個小時的時間。如果之後還要再花一個小時來整理，這樣應該蠻合理的。但如果之後還要再花一個禮拜來整理，那就太不合理了。如果是這樣的話，還是先把它放進你的歡樂列表中吧。

所以，你當然可以在改變之後立刻做整理，只要：

- 你還會再次改變同一個區塊。尤其是很快就會再次改變的話。
- 現在就整理的話，比起將來才去整理容易多了。
- 整理的成本與行為改變的成本大致上成比例的話。

先做

現在終於來到本書第二部分的最後，我們要來回答本書書名所提出的問題。我們真的要先整理一下嗎？答案就是⋯⋯

看情況。

哈哈哈，有時候我真的很喜歡我的工作。好吧，沒錯，當然要看情況，但究竟是看什麼情況呢？假設我確實需要改變某段程式碼的行為。這段程式碼真的很亂。我應該先整理一下嗎？你可以先問自己這幾個問題：

- 不整理這一團亂的話，究竟會讓改變增加多少困難呢？如果整理並不能讓改變變得更容易，那就不需要先整理了。
- 整理的好處有多麼直接？假設你其實還沒有準備好要去改變行為。你只是為了理解程式碼所以才去讀它。整理一下可以讓你理解得更快一點。那好，就先整理一下吧。
- 整理的成本，會如何被攤提掉？如果這段程式碼你只會改變一次，那就要節制一下去做整理的想法。如果多年來每週一次的整理工作，一直都可以帶來一定的回報，那就去做整理吧。
- 你對於自己的整理有多大的把握？請盡量不要用猜的。最好是「我可以看到這裡，對就是這裡，簡直就是一團亂。只要把它整理好，改變起來就會變得很簡單。」或是這樣也可以：「只要把這裡整理好，就可以讓它變得更容易理解。我就是知道，因為我現在實在搞不懂呀。」

一般來說，大家都會有先整理一下的傾向，但是千萬要保持警惕，不要讓整理本身變成最終的目的。我之前所列出的整理做法，都只是一些很小的整理做法，所以你根本不必想太多，就可以去套用那些做法了。如果你做了整理，卻沒有得到什麼回報，應該也沒什麼大不了的。就算你有先做整理的傾向，你也不至於付出太多的代價，而且大多數的情況下，你還是會得到回報的。

總結

完全不做整理的情況：

- 你永遠都不會再去改變那段程式碼了。

- 就算去改善設計，也不會有什麼收獲。

晚點再去做整理的情況：

- 你有很多東西要整理，但整理這些東西並不能馬上得到回報。

- 完成整理的話，最後還是可以得到回報。

- 你可以一小批一小批去進行整理。

改變之後立刻做整理的情況：

- 等下次有空晚一點才去做整理，成本會比較高。

- 如果改變後沒做整理，會有事情沒做完的感覺。

改變前先做整理的情況：

- 馬上就能得到回報；例如可以增強理解，或是降低行為改變的成本。

- 你很清楚知道要整理什麼，也知道如何進行整理。

第三部分

理論

現在我們已經很瞭解，有什麼東西需要整理、該如何進行整理，以及何時該去做整理，接下來我們可以討論一下，為什麼要去做整理。你並不需要確切瞭解藥物的作用原理，就可以體驗到藥物的效果，但如果你瞭解其原理，就能更深入理解它的機制，這樣就算遇到新的狀況，你也懂得如何去運用它。

理論並不是用來說服人的。應該沒有人會這樣吧——「整理根本就是胡扯。咦？等一下，你說它能創造出選擇性？那我想整理還算是不錯的做法吧。」

如果很瞭解理論，就有能力去最佳化應用。軟體設計永遠都存在幾個問題：

*   我什麼時候要開始做出軟體設計上的決策？

*   我什麼時候應該停止去做軟體設計上的決策，開始去改變系統的行為？

*   我該如何做出下一個決策？

這些問題無法用理性、邏輯來回答，因為我們在提出這些問題時，要找出合乎理性與邏輯的答案，所需要的資訊是不存在的。

如果你必須用猜測的方式去回答這些問題，先瞭解一些理論就可以有效提高你的判斷力。如果能夠多瞭解理論，你就有能力提出一些不同於其他極客的建設性看法。

有時候，我想做 X，你想做 Y，我們兩人不同的看法其實是很單純的。我們都想要實現相同的目標，只是做法不同而已。如果我們的差異越來越深，理論就會有一定的幫助。如果我們想要實現不同的目標，這時候擁有一個共同的理論框架，就會變得很有價值。

如果我們是在原則上有歧見，我們就可以針對原則進行討論，這樣就有機會更快對後續的行動達成一致的共識。我們也有機會可以互相學習。如果我們陷入「X 才對啦」、「不，Y 才對啦」這樣的爭執，最後只會變成一場意氣之爭，到後來或許就只能靠相對的權力地位來解決了。

本書的這個部分，打算解決的是以下這幾個問題：

1. 什麼是軟體設計？

2. 軟體設計如何影響軟體開發與營運的成本？而軟體開發與營運的成本，又是如何反過來影響軟體設計？

3. 究竟要不要在軟體結構上多花功夫，這其中有什麼樣的權衡取捨？

4. 我們可以運用哪些經濟與人性的原則，來判斷是否要改變、如何去改變軟體的結構？

我們在這趟旅程一開始就說過，「軟體設計其實是人類關係的一種課題」。本書主要關注的是你和你自己的關係：你是否足夠重視自己，會在真正開始做事之前，先想辦法讓你的工作變容易一點？不過，這只是這趟旅程的第一步。我們打算在本書第三部分，考慮人類關係中最持久、最複雜的一個面向：金錢。

第二十二章

讓元素以有益的方式
關聯起來

什麼是軟體設計？我不喜歡從定義開始談起，但我們現在已經開始很久了。關於我所認為的設計，你應該已經看過一些例子了。你已經知道如何把個人決策串連起來，以實現更大的目標。你應該也已經初步瞭解，我說的「軟體設計其實是人類關係的一種課題」這句話的意思。現在我可以來談一下，我所謂「軟體設計」的意思了：讓元素以有益的方式關聯起來（beneficially relating elements）。

以一個很大的概念來說，這句話的字數並不算多。其中的每個單字，都有一定的份量。我們先個別分開來看，然後再把它們整合起來。

元素（Element）

只要是實體的結構，都是由許多比較小的零件（part）所組成。

細胞→器官→有機體。

原子→分子→晶體。

在軟體世界中：Token →表達式→語句→函式→物件 / 模組→系統。

元素是有邊界的。你應該知道，元素是從哪裡開始、到哪裡結束。

元素有可能包含一些子元素。在軟體世界中，我們比較喜歡同質的層次結構（homogeneous hierarchies；也就是複合模式；Composite pattern）。自然的層次結構（例如前面所舉的例子）並不一定是同質的。容器與容器裡所包含的子元素，並不一定是相同的。（我並不確定這件事重不重要，但我喜歡把這件事放在心上——也許有一天我會寫本真正的哲學書，談談軟體設計能否被視為一個自然的程序。）

關聯（Relating）

好的，所以我們有一個由元素所組成的層次結構。其中所存在的各個元素，彼此都是相互關聯的。一個函式會呼叫另一個函式。這些函式全都是元素。「呼叫 / 被呼叫」則是一種關聯。在自然界中，就像是「吃」、「遮蔭」和「施肥」之類的，也都算是關聯。

在軟體設計中，有好幾種關聯的方式，例如：

- 呼叫（Invoke）
- 發布（Publish）
- 監聽（Listen）
- 引用（Refer，例如取得變數的值）

以一種有益的方式（Beneficially）

這就是一切魔法的源頭。假設有一種設計方式，是把許多小小的子元素全都一股腦兒倒進一大鍋湯裡。你可以想像一下，這就好像在一個全域命名空間裡，用組合語言來編寫程式。像這樣的程式，當然可以正常運作。從外部的觀察者角度來看，這個程式的行為與其他精心設計的程式並沒有什麼不同。不過，我們很快就沒辦法去修改這個程式了。因為不同元素之間的關聯實在太多太複雜了，而且關係通常是隱含的，想搞清楚實在太困難了。

如果我們好好進行設計，就會在機器指令與真正要完成的事之間，建立一堆中間元素。這些中間元素，會讓彼此互相受益。舉例來說，由於函式 B 會處理掉其中一部分的計算複雜性，因此函式 A 就會因而受益，整體理解起來就會更容易了。

讓元素以有益的方式關聯起來

「讓元素以有益的方式關聯起來」這句話的其中一種解讀方式，其實可以從「設計是……」來理解。設計是什麼呢？設計就是有許多的元素、元素之間的關聯，以及這些關聯所帶來的好處。

另一種解讀的方式，則可從「設計師是……」來理解。設計師是做什麼的呢？他們會讓元素以有益的方式關聯起來。從這個角度來看，軟體設計者只能：

- 建立和刪除元素。
- 建立和刪除關聯性。
- 增加關聯所帶來的好處。

就這樣——很簡單，對吧？（←警告：其實這是諷刺的意思）

舉個我最喜歡的例子好了。我有個物件，它會在一個函式裡，對另一個物件進行兩次呼叫：

```
caller()
    return box.width() * box.height()
```

做出呼叫的這個函式，與 box 有兩段關係，也就是它會去呼叫 box 的兩個函式。我們可以把這個表達式，移到 box 的內部：

```
caller()
    return box.area()

Box>>area()
    return width() * height()
```

從設計的角度來看，我們創建了一個新元素 Box.area()，而且還去調整了 caller 和 box 之間的關聯。現在這兩個元素，變成只透過單獨一個函式呼叫而被關聯起來，其優點就是做出呼叫的函式會變得比較簡單，而成本就是 Box 多出了一個函式。

當我談到系統的結構時，我談的其實是：

- 元素的層次結構
- 元素之間的關聯
- 這些關聯所創造出來的好處

接下來我們可以針對系統的結構和行為，進行更明確的區分。

第二十三章

結構與行為

軟體是透過兩種方式來創造出價值:

- 今天它所能做的事

- 明天它能做出新鮮事的可能性

「今天它所能做的事」就是系統的行為 —— 例如計算工資、送出訂單、聯絡朋友。(而且沒有錯,所有的軟體系統其實都是社群技術相關的系統,不過我們目前的設計還不會牽扯到社群相關的部分。)

我們可以用兩種方式,來表達「行為」的特徵:

輸入 / 輸出

在這個轄區內,以這樣的薪資工作這麼多小時,應該要得到怎樣的報酬,產生出多少的稅額。

不變量

所有權益(entitlements)的總和,應該要等於所有扣除額(deductions)的總和。

行為可以創造出價值。電腦每秒可以計算好幾百萬個數字,讓我們不必用人工去計算一堆數字。事實證明,人們確實願意付錢,只為了「不用人工去計算數字」。如果執行軟體需要花 1 美元的電費,但你有辦法向人們收取 10 美元的費用,去幫他們執行這個軟體,那你就可以去做這個生意了。

理論上，這個生意可以一直做下去，我們每投入 1 美元，就可以產生 10 美元的收益。我知道這樣也許過於簡化。數位產品並不是真的永遠都不會腐壞。市場永遠都在變化。其實你比較像是在河裡，就算只想保持原地不動，也必須不斷划槳。不過就我想表達的概念來說，目前這樣也算意思到了。

相較於「每投入 1 美元就能吐出 10 美元」的機器，你知道什麼更好嗎？每投入 10 美元就吐出 100 美元的機器，應該還不錯。如果是每投入 1 美元就吐出 20 美元的機器，那就更好了。問題是，我們怎樣才能得到更好的機器呢？

一言以蔽之，就是選擇性。系統當下能做出哪些行為，往往會直接影響大家對這個系統的期待，期望這個系統應該還能有哪些其他的行為（這有點像海森堡的測不準原理）。不管你原本付多少錢給那台 1 美元變 10 美元的機器，如果你知道有另一台機器「有可能」把 10 美元變成 100 美元，或是「有可能」把 1 美元變成 20 美元，就算你不知道實際上會變成哪一種，你應該都願意為此多付點錢。

這是我花了幾十年才領悟的祕密。其實我不必真正去改變系統的行為，就可以讓它變得更有價值。我只要針對它的下一步「可以」做到什麼，多添加一些可能的選擇，這樣就可以賺到錢了。（後來我跳進選擇權定價公式的兔子坑，做了深入的研究之後，才真正鞏固了這樣的理解；不過，我相信你一定知道怎麼說服你自己。）

軟體在經濟方面的魔法源頭，其實就是不同的選擇——尤其是那種能擴展出更多選擇的做法。如果你有能力製造出 1,000 輛汽車，這並不能保證你就有能力製造出 100,000 輛汽車。但如果你有能力發送出 1,000 個通知，那麼幾乎可以確定的是，你肯定只需要花一點功夫，就有能力發送出 100,000 個通知（如果遇到技術上的外部限制，擴展能力就會變得沒那麼確定，但在早期的階段，擴展並沒有什麼風險）。

「選擇」這種東西最酷的一點就是，環境越不穩定，不同的選擇就越有價值。這就是我把《*Extreme Programming Explained*》（極限程式設計詳解）一書的副標題定為「擁抱改變」（Embrace Change）其中的一個動機。當我還是一個年輕的工程師時，只要一看到穩定的情況開始變混亂，我就會感到害怕。但後來我終於瞭解增加選擇性的價值，慢慢開始懂得把混亂視為一種機會。

有什麼東西會降低選擇的價值呢？以下就是會把軟體內各種選擇的價值拉低的一些情境：

- 有個很關鍵的員工離職。原本只需要花幾天時間的改變，現在變成要花好幾個月的時間才能完成。

- 你與你的客戶離得遠遠的。如果你每個月只會收到一兩個具有挑戰性的建議，而不是每天都會收到一兩個建議，那你的選擇就會比較少一點。

- 改變的成本飆升。這樣一來，你要實現某個選擇所花的時間，就不能用天來計算，只能用月來計算了。可以實現的選擇越少，價值就越低。

本書並沒有直接去討論前兩種選擇的殺手，但我們可針對第三種做出回應。如果不想讓成本飆升，我們可以在做料理的同時，讓廚房持續保持整潔。

系統的結構，並不會影響系統的行為。計算薪資的時候，不管是用一個很大的函式，還是用一大堆小小的函式，算出來的薪資都是一樣的。不過，系統的結構與不同的選擇倒是很有關係。如果我們需要針對不同的國家，去計算相應的薪資，在某些結構下這件事很容易就能做到，但在另一些結構下卻很困難。

問題是：結構並不像行為那麼清楚好辨認。在產品路線圖中，看到的通常都是一堆功能列表（也就是一堆行為上的改變），這並不是沒有原因的。行為上的改變，很容易就可以看得出來（比如說，畫面上出現某個之前不存在的按鈕）。

我們雖然知道，一定要在結構上多花點心思，以維持、增加更多的選擇性，但我們究竟有沒有做到，其實很難判斷。程式碼比之前更容易做改變了嗎？真的嗎？我們到底做得夠不夠，實在很難判斷。如果我們在結構上花更多的功夫，程式碼就會更容易做出改變嗎？真的嗎？我們實在無法判斷，我們在結構上所花的功夫究竟對不對。我們在結構上所做出的改變，真的是可以讓程式碼更容易進行改變的最佳做法嗎？真的嗎？

因此，人們對於結構上的改變，總是感到很困惑，但是對於行為上的改變，倒不會那麼困惑。本書並不打算為你解答那些問題，而是協助你自己去回答那些問題。首先我們要瞭解，結構上的改變和行為上的改變，都能創造出價值，但是這兩者有著本質上的差異。怎麼說呢？一言以蔽之，就是可逆性（reversibility）。

第二十四章

經濟學—— 時間價值與選擇性

不知道為什麼，我一直到了 30 幾歲，還對金錢的本質一無所知。我會買東西、賣東西，我也會「賺錢」，但我根本不瞭解金錢流動的原理。

最後還是靠計算來救場。我在工作上遇到了一連串與金融相關的專案，迫使我去理解一些與金錢相關的基本概念。由於程式設計是我理解這個世界的方式，因此我此時才開始瞭解什麼是金錢。這些學習的成果隨時間逐漸融入我的直覺，進而改變了我對於程式開發的看法。

James Buchan 在《*Frozen Desire*》（被冰凍的欲望；Picador 出版）一書中指出，我們經常會想要某些東西，不過並不是馬上就要，而金錢就是用來代表這種「被冰凍的欲望」。假設你創造出足夠你吃一整個月的價值，但是你並不想要儲存一整個月的食物，如果有個東西可以把你所創造的價值儲存起來，而且每個禮拜都可以把它轉化成新鮮的食物，那這個東西就太方便了。

不過，金錢是一種很奇怪的東西。它本身也有自己的天性。金錢的本質，與金錢在我們工作中的核心地位，兩相結合起來就會導致各種很詭異的情況。身為一個程式設計師，我們所做的一些有意義的事情，有可能與金錢的本質背道而馳。如果極客的原則與金錢的原則有所衝突，金錢通常都會佔上風。至少到最後，通常都是如此。

我對金錢本質的瞭解，逐漸滲透到我的直覺之後，我發現自己對於程式設計的態度也產生了轉變。之前對我來說完全合理的策略，現在看起來變得很奇怪，因為那些策略違背了金錢的本質。而一些看似不重要、很粗糙或幼稚的策略，反而成了很明智的金錢管理做法。我越是順著商業的洪流，我的船就跑得越快。

我所學習到的金錢本質，其中包含了兩個蠻令人驚訝的特質：

- 今天的一美元比明天的一美元更值錢，所以要盡量早點賺錢，盡量晚點花錢。

- 在混亂的情況下，擁有選擇比實際擁有東西更好，因此在面對不確定性時，應該要想辦法創造出更多的選擇。

這兩種策略有時會互相衝突。現在跑去賺錢，可能就會讓未來的選擇變少。但如果你現在不去賺錢，也許你根本就沒辦法去行使那些未來的選擇了。

如果你已經很瞭解什麼是淨現值（NPV）和選擇權希臘字母的含義，請自由決定要不要跳過接下來兩章的內容。如果你像 30 年前的我一樣，「淨現值和選擇權希臘字母」在你耳朵裡聽起來就好像是一堆胡言亂語，接下來就請你好好學習這兩個金融術語吧。這就像是你在一個陌生的國度裡，知道怎麼說「廁所在哪裡？」、「請再來杯啤酒」這兩句話就可以讓你如魚得水似的，以下兩章會協助你開始瞭解金融世界，以及金融概念對於軟體設計的深遠影響。

軟體設計一定要能夠符合「早點賺錢 / 晚點花錢」和「創造出選擇，而不是創造出東西」這兩個原則。只要詳細研究「金錢的時間價值」和「選擇性」這兩種效應，我們就可以更瞭解軟體設計與金錢的互動關係。

第二十五章

今天的一美元
大於明天的一美元

多就是多，少就是少，對吧？呃，其實要看情況。對於錢來說，還要看：

- 是什麼時間

- 有多麼確定

如果我今天給你一美元，你就可以把它花到你想要的東西上，或者你也可以用它來投資，讓它在將來為你帶來更多的錢。如果我承諾明天給你一美元，這一美元的價值就會比我今天給你的一美元稍微低一點。為什麼呢？

- 現在你還不能去花掉它，所以它的價值會比較低一點。

- 你還不能拿它去做投資，所以等你明天拿到的時候，它的價值已經低於你今天所得到的一美元了。

- 我有可能不會真的把那一美元交給你。好啦，我不會這樣啦。我是一個完全值得信賴的人。但如果是別人，沒錯，你一定要有心理準備，確實有可能真的會拿不到這一美元，因此這「明天的一美元」在價值上確實會比較低一點。

低一點是低多少呢？這是一個蠻複雜的問題。就目前來看，比較重要的是，每一美元的價值並不都是相同的。如果我們想把錢加總起來，就應該先針對每一筆錢，加上一個相應的日期。

我們都是怎麼去定義軟體系統的價值呢？假設你有一個軟體系統，而我想買下它。我應該付你多少錢才算合理呢？

它究竟是什麼軟體，其實並不重要。假設它就是一個支付系統好了。它是由很多個服務所組成。它總共包含了 140 萬行的程式碼。它的函式圈複雜度（cyclomatic complexity）平均值為 14（開玩笑的，冪次律分佈的平均值其實沒什麼意義）。但身為買家，這些對我來說其實都不重要。

我身為買家真正想知道的是，錢究竟會如何流動。也就是像我爺爺所說的，「進來多少、出去多少」。為了評估軟體的價值，我可以用一組有流入、有流出的現金流來作為它的模型，但（這是重點）其中的每筆現金流，都應該對應到一個日期。

這裡有個練習，可以協助增強你對於時間／金錢的直覺。如果有個軟體系統在未來 10 年內會花費 1,000 萬美元，並帶來 2,000 萬美元的收入，另一個軟體系統則會花費 1,000 萬美元，並帶來 1,200 萬美元的收入，哪個軟體系統比較有吸引力？

這其實是一個陷阱題。「未來 10 年」在財務上來說，幾乎就等於是「直到宇宙盡頭的那一天」。當你看到這些數字時，直覺上你應該馬上就要再問：「好，不過那分別是什麼時候？有多麼確定？」

你可以稍微感受一下，下面這兩種說法的差別：「我今天付出 1,000 萬美元，10 年後得到 2,000 萬美元」，以及「我今天得到 1,200 萬美元，10 年後再付出 1,000 萬美元」。第一個交易方式，會讓我感到很緊張。沒錯，這好像是一個不錯的投資，但在這十年內，我會一直覺得很緊張。至於第二個交易方式，根本不需要傷腦筋。我從第一天開始，就可以保證得到 200 萬美元的利潤，再加上隨後 10 年內我可以從投資所獲得的收益。接下來的這 10 年，我只會感到興奮，而不會感到害怕。

從本書的角度來看，「金錢的時間價值」比較鼓勵的做法其實是後做整理，而不是先做整理。因為我們只要實作出某個行為上的改變，馬上就可以賺到錢；之後再去做整理的做法，可以讓我們早點賺到錢，晚點再花錢。（我們之前曾說過，有時還是要先整理，因為「先整理一下 + 做出行為上的改變」的總成本，低於「不整理就去改變行為」的成本。如果是這樣的情況，當然還是要先整理囉。）

以我們所探討的情況來說，時間尺度大概就只有幾分鐘到幾個小時，現金流折現的效應還不至於在經濟上產生巨大的差異。不過，確實還是有差別的。請多練習去理解時間的價值，等我們之後處理到更大的時間尺度時，這樣的練習將會很有幫助。

接著我們再來看看軟體經濟價值的另一個來源：選擇性。有趣的是，時間的價值與選擇的價值，經常是互相衝突的。

第二十六章

選擇權

上一章我們用一個模型，把軟體系統的經濟價值，用折現後的未來現金流總和來表示。如果我們像下面這樣去改變流程，就可以創造出一些價值：

- 賺錢要多賺一點、時間更早一點、可能性更高一點

- 花錢要少花一點、時間更晚一點、可能性更低一點

身為軟體設計師，要在這個模型下工作，實在很不容易。我們仿佛生活在一個凡事講究恰到好處的金髮女孩（Goldilocks）世界：設計不能太多或太早，也不能太少或太晚。但是這樣還沒完呢！（如果這麼簡單大家都會，這本書就沒有存在的理由了。）還有另一個價值來源，有時候還會造成相互矛盾：選擇性。

大概幾十年前，我在工作上接觸到華爾街的交易軟體。於是我按照平常喜歡的做法，先去讀了一些背景知識，然後就發現了「選擇權定價」這個東西。我一下子就掉進這個兔子坑裡了。當時我剛發明了測試驅動開發（TDD），正在尋找實務上可作為練習的一些主題。選擇權定價似乎是個蠻好的例子：它正好是一個答案已知的複雜演算法。

我一開始先實作出現有的選擇權定價公式以作為測試（在比較浮點數的過程中，我發現需要用到 ε 的概念）。一路下來，我逐漸對於選擇權產生出一種直覺，而這樣的直覺也開始逐漸滲透到我對於軟體設計的一般性思考。

我沒辦法在這裡幫你實作出所有的演算法，但可以分享給你一些我所學到的東西（如果你真的很想「搞懂那個東西」，我很鼓勵你親自去嘗試練習一下）：

- 「接下來我可以採取什麼行為呢？」就算你還沒真的去做出行為，光是這個概念本身就已經很有價值了。這件事真的讓我感到很驚訝。我原本以為，我是因為做了什麼事才得到報酬（如前一章所述）。結果不是。我之所以能得到報酬，主要是因為我接下來所能做的事。

- 在投資組合中能採取的行為越多，「接下來我可以採取什麼行為呢？」這個概念的價值就越高。如果我可以增加各種投資組合的數量，我也就創造了價值。

- 投資組合中的各種行為越有價值，「接下來我可以採取什麼行為呢？」這個概念就越有價值。我並不能預測出哪一種行為最有價值，也無法預測出行為多麼有價值，但是……

- 我根本不必在意哪一個行為最有價值，只要持續提供出能夠採取各種行為的選擇權就行了。

- （這是最棒的一點。）我對於價值的預測越不確定，這個選擇權的價值就越高（相對於只是單純實現出來）。如果我擁抱改變，就能在傳統軟體開發最容易出問題的情況下，最大程度創造出最高的價值。

如果你過去沒接觸過選擇權這樣的金融概念，以下就是我的快速入門指南。

先從一個有價格的東西開始。假設一個馬鈴薯的價格是一美元。我有一美元。你有一個馬鈴薯。我把一美元給你。然後你把馬鈴薯給我。現在我有了一個馬鈴薯，但我沒有一美元了。你有了一美元，但你沒有馬鈴薯了。

也許我並不是現在就想要馬鈴薯；我明天才想要。我很確定明天才會用到。我可以在今天先給你一美元，換取你明天給我一個馬鈴薯的承諾。明天你再把馬鈴薯交給我，這樣我們兩邊都會很開心。不過，由於錢本身是有時間價值的，所以我今天先給錢的話，應該只需要給你略低於一美元的錢就行了。

如果我並不確定明天會不會用到馬鈴薯，那該怎麼辦呢？如果天氣好的話，我可能會去野餐，這樣我就會去做馬鈴薯沙拉。但如果天氣不好，我就不想浪費錢去買馬鈴薯了。在這樣的情況下，我可以先向你買個承諾，讓我明天可以用一美元買你的一個馬鈴薯，不過我也有可能不會去要求你實現承諾。

為了擁有這個「可以實現、也可以不實現的承諾」，我應該付你多少錢呢？明天你能拿到一美元，但前提是我要求你實現承諾，把你的馬鈴薯賣給我。所以你還要先想好，如果明天你沒有把馬鈴薯賣給我，這個馬鈴薯你可以拿去做什麼。如果你這個馬鈴薯明天還可以有其他好用途，你就可以先用幾分錢的價格，賣給我這個選擇權。這樣你就不必太在意我明天買不買了。但如果明天我沒買，這個馬鈴薯就會被浪費掉，那你今天就會想要向我收取接近全額的費用。

我剛剛所描述的就是買權（call）選擇權——未來可以用某個固定價格購買某樣東西的權利，但沒有一定要購買的義務。金融選擇權具有以下這幾個參數：

- 我們想要購買的標的物
- 標的物的價格，以及這個價格的波動率（volatility）
- 這個選擇權的費用，也就是我們今天要先支付的價格
- 這個選擇權的**存續時間長度**，也就是我們必須在多長的時間內，決定是否要購買這個標的物（有些選擇權允許你從現在起，到期限結束之前，任何一個時間點都可以去購買標的物——軟體就是如此）

對於軟體設計來說，這又代表什麼意思呢？軟體設計就是為了（行為上的）改變做準備。我們接下來**可以**做出的「行為上的改變」，就是前面故事裡的馬鈴薯。我們今天所進行的設計，就是為了能夠讓我們去「購買」明天那個行為上的改變，為了這個「選擇權」所要支付的費用。

從選擇性（optionality）的角度來思考軟體設計，徹底顛覆了我的想法。當我想要在「創造出不同選擇」與「做出行為上的改變」兩者之間取得平衡時，那些曾經讓我感到很害怕的事情，現在反而讓我覺得很興奮：

- 行為上可能的改變，其價值的波動變異性（volatile）越大越好。
- 我可以去進行開發的時間越長越好。
- 沒錯，「我未來可以去開發」這東西的成本當然是越低越好，不過這只佔了價值的一小部分而已。
- 為了建立某個選擇，而在設計上所要花的功夫越少越好。

不過，我們終究還是要面對那個棘手的問題，輕描淡寫來說的話，就是：「要在創造選擇與改變行為之間取得平衡。」

第二十七章

選擇權 vs. 現金流

我們在這裡面臨的是一場經濟上的拉鋸戰，讓「要不要先整理一下？」變成了一個有趣的問題：

- 現金流折現的道理告訴我們，賺錢應該要早一點，可能性盡量高一點，花錢要晚一點，可能性盡量低一點。不要先去做整理，因為那就等於是早點去花錢，晚點再賺錢。或許之後、甚至以後都別再去做整理了。

- 選擇權則告訴我們，現在要先花點錢，晚點才能賺到更多的錢（即使我們目前並不知道具體應該怎麼做）。絕對要先做整理（因為它會創造出更多的選擇）。之後也要做整理，就算已經過了好一段時間，有空還是要記得去做整理。

要不要先整理呢？要。也不要。

現在可以肯定的是，一定有需要先整理的時候。什麼時候呢：

　　成本（整理）＋ 成本（整理後再去做行為上的改變）
　　＜ 成本（不做整理就去做行為上的改變）

這樣的話，絕對要先去做整理。實際上一般人還是很容易就會得意忘形，一不小心就會去做太多的整理工作，但只要設定好界限並小心把持住，你一定就可以做得很好。

如果出現以下的情況，就比較讓人擔憂了：

　　成本（整理）＋ 成本（整理後再去做行為上的改變）
　　＞ 成本（不做整理就去做行為上的改變）

雖然短期的經濟因素並不鼓勵你去做整理，但你或許還是很想先整理一下。也許你正在做出一系列行為上的改變，而所有這些改變全都會因為先整理而受益。所有的這些改變如果可以一起攤銷掉整理的成本，這樣的做法或許就蠻合理的，即使考慮現金流折現的效應也是如此。

如果創造出來的選擇，其價值大於更早花錢、更確定要花錢所損失的價值，那麼就算有現金流折現的效應，先整理的做法或許還是具有經濟上的意義。我們在這裡身處於一個極其嚴格的審判之地。你靈敏的嗅覺可能會告訴你，「這裡有很多好東西，但是我需要先整理一下，才能看出這些好東西。」這也許就是足夠好的證據，足以讓你去做更多的整理工作了。

從另一個角度來看，由於軟體設計其實是人類關係的一種課題，而我們在探討整理這件事時，談的正是我們與自己的關係，因此你選擇先整理的理由，或許只是因為它可以讓你後續做出行為上的改變時，心情上更加愉悅而已。「把整理當作一種自我照顧」這一點點小小的想法，還是有一定的道理。你只要心裡明白，這麼做有可能違背你的經濟動機，這樣就可以了。

關於整理的規模——幾分鐘到幾小時——我們無法（也不應該嘗試）去精確計算出整理的經濟效益。其實我們只是在練習兩種重要的判斷形式，目的則是為了將來更大的考量做好準備：

- 我們要很習慣去意識到，有哪些動機會去影響到軟體設計的時間與範圍（「我想花更多的時間去做設計，但卻遇到了阻力。這究竟是怎麼回事呢？」）
- 我們可以先在自己身上練習處理人類關係的技巧，因為之後我們就會把這些技巧，運用在一些直接或間接的同事身上

一旦我們拉高賭注，面對產品生存發展更大的挑戰，我們就會覺得很慶幸，自己對於何時該去做設計、如何去做設計、何時不要去做設計，已經擁有了更直覺的理解。

第二十八章

結構上可逆的改變

糟糕的髮型和糟糕的刺青有何不同？糟糕的髮型還可以等頭髮重新長出來，但糟糕的刺青永遠都改不回來（好啦，並不是永遠，但如果後悔的話，想要改回來麻煩多了）。

結構上的改變與行為上的改變又有何不同？其中一個與先整理相關的特性，就是結構上的改變通常是可逆的。你提取出一個輔助函式，卻又不太滿意？把它重新放回到原來的程式碼中就行了。這樣一來，就好像那個輔助函式從沒存在過一樣。

相對來說，行為上的改變就沒這麼好了。假設你發出了 100,000 張稅務通知單，但上面的號碼有誤。該怎麼辦呢？呃……要修正這個問題會花很多錢。這對於你的聲譽損害，也許是永久性的。如果你可以在發送通知之前五分鐘、而不是在發送之後五分鐘才發現問題，那就太好了。

一般來說，我們在處理可逆與不可逆的決策時，做法上應該是不同的。對於不可逆的決策來說，審查、雙重檢查、三重檢查……都是很有價值的做法。步伐應該要緩慢從容、深思熟慮。就算這個決策有很大的好處，但如果我們做錯了，也有可能帶來很大的壞處。沒錯，我們都很想要得到好處，但我們更想要避免掉一些壞處。

可逆的決策呢？大多數軟體設計上的決策，都很容易逆轉回來。做這些事會有一些好處（可以讓行為上的改變更容易，如之前所述）。不過更棒的是，實際上它並沒有什麼太大的壞處，因為如果事實證明這個決策是錯的，我們還是可以輕易把它逆轉回來。

由於花力氣去避免設計錯誤，並沒有什麼價值，所以我們根本不應該在這方面花太多的力氣。這就是我選擇「整理」來作為本書的主題，其中所隱含的經濟現實。沒什麼大不了的。就只是整理而已。

程式碼的審查程序（我承諾了好幾次，說要把它拋開，但現在還不是時候）並不會去區分可逆和不可逆的改變。明明是同樣的投入，回報卻截然不同。這實在太不划算了。

如果是不可逆的設計改變呢？舉例來說，「讓資料提取變成一種服務」可是一件大事，很難說反悔就反悔。你可以再多考慮一下，例如可以先去實作出一個原型。我這裡所說的「實作」，意思就是把它投入正式的生產環境中。需要給它搭配一個功能開關（feature flag）嗎？沒問題。需要在很多地方檢查這個功能開關嗎？好，那就先整理一下，讓那些需要去檢查這個功能開關的地方變少一點。

你知道我們在做什麼嗎？我們在做的就是要把「讓資料提取變成一種服務」這件事變得可逆（至少在某段期間內可逆）。如果我們進行到一半，發現它其實是一個可以用 SQL 查詢來實現的服務（謝啦！Josh Wills），我們就可以毫不費力去進行改變了。

有些可逆的設計決策，之所以會變成不可逆，其中另一種情況就是，決策的影響在整個程式碼庫裡擴散開來了。比如說現在要把某個整數改為長整數，總共有一百萬個地方需要進行修改，其中有一些地方修改起來還蠻棘手的。好的：1）多思考一下，這個決策的影響面，有沒有可能擴散開來，2）如果會的話，我們一次只做一個整理動作，盡量不要讓它擴散開來。先做整理再改變，或是改變之後馬上做整理，這樣做了一段時間之後，再做個比較全面的整理，扭轉掉這個決策的影響。（一如既往，簡而言之，就是把它切分成許多可斷開的片段。）

有一種理想主義形式的極客思維似乎認為，只要能做出更好的決策，我們就永遠不會犯錯。過去我自己確實是這種思維的年輕信徒，當時的我簡直就像是個「如果我有無窮無盡的聰明才智，一切就好辦了」這個祭壇的崇拜者。幸運的是，我超越了。我瞭解到可逆性的價值（早在我給它取了這個名稱之前），而且我也深刻體會到，讓決策可逆的價值。

第二十九章

耦合

當初 Ed Yourdon 和 Larry Constantine 為了準備撰寫他們的經典著作《*Structured Design*》（結構化設計），他們很認真檢視了程式，想要找出程式的成本如此昂貴的理由。他們注意到，成本昂貴的程式都有一個共同點：如果想要改變一個元素，就必須改變到其他的元素。至於成本比較低的程式，往往都只需要在局部做改變就行了。

他們把這種改變會到處傳染的特性，稱之為「耦合」（coupling）。如果某個元素一改變，另一個元素就要跟著改變，那麼這兩個元素就是因為這個特定的改變而耦合了。

舉例來說，被呼叫的函式與做出呼叫的函式，就會因為被呼叫的函式名稱改變而耦合：

```
caller()
    called()

called() // 如果改變這個名稱，所有呼叫此函式的地方也都要跟著改變
    ... // 如果只是內部程式碼改變，其他呼叫此函式的地方並不需要跟著改變
```

這裡的第二條註解，特別強調出耦合重要而細微的一個差別：我們並不能只單純說兩個元素是耦合的。如果要說出真正有用的資訊，我們還必須說出它是因為哪些改變而耦合。若兩個元素是因為一個絕不會發生的改變而耦合，這種耦合方式我們就不需要特別去在意了。像那樣的耦合，就像是永遠不會滾下來壓垮村莊的山頂巨石。

如果想分析耦合，我們並不能光只是去查看程式的原始碼。在判斷兩個元素是否耦合之前，我們必須先知道有哪些改變已經發生、或是可能會發生哪些改變。（從實驗的角度來說，我們可以嘗試查看一下，有哪些檔案總是出現在同一次的提交。這些檔案很有可能就是耦合的。）

耦合會增加軟體的成本。因為耦合這東西實在太基本了，所以我會盡量多用一些表達方式和視覺化呈現方式來予以說明。如果用數學方式來定義：

coupled(E1, E2, Δ) ≡ ΔE1 ⇒ ΔE2

圖 29-1 則是用圖片來呈現這樣的關係。

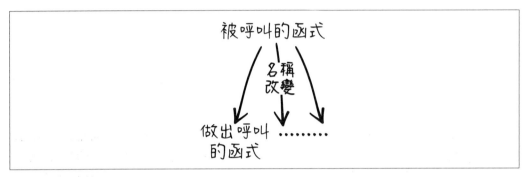

圖 29-1　被呼叫的函式與做出呼叫的函式，會因為名稱改變而耦合

如果耦合只存在於兩個元素之間，它還不至於成為困擾我們的惡夢。可是，耦合有兩個屬性，這兩個屬性就足以讓它成為矚目的焦點：

1–N

　　一個元素可以與任意 N 個數量的其他元素，因為某個改變而耦合。

串聯（*Cascading*）

　　改變只要從某個元素波及到另一個元素，就表示改變有可能觸發另一輪的改變，而這一輪的改變，又有可能觸發元素本身的改變。

1–N 的問題，可以透過一些工具，在某種程度予以消除。如果你有自動重構的工具，可以用來改變函式名稱，並對所有做出呼叫的地方進行相應修改，這樣你就可以把這類的改變，視為一次簡單的改變。無論做出呼叫的地方只有 1 個還是 1,000 個，修改的成本全都是相同的。（但如果你一次就把 1,000 個會做出呼叫的地方全都改掉，或許你就應該盡快把這個改變，單獨導入到正式環境中，以便早日發現可能的問題。）

改變的串聯效應，則是更大的問題。我們在下一本書就會看到，改變的成本遵循的是冪次律分佈（power law distribution）。這樣的分佈，就是因為改變相串聯的成本所創造出來的。你應該要盡量利用軟體設計，來減少這種改變相串聯的可能性和影響程度。

「耦合」這個詞已隨時間逐漸失去了它原本的意義，而被用來表示系統中各個元素之間的任何關係。「這個服務與那個服務耦合了」——好，但它們是怎麼耦合的呢？是因為什麼樣的改變而耦合？如果只知道一個服務會去呼叫另一個服務，這樣是不夠的；我們還需要知道，一個服務發生了什麼樣的改變，會造成另一個服務跟著改變。

Meilir Page-Jones 在他的《*What Every Programmer Should Know About Object-Oriented Design*》（關於物件導向設計，每個程式設計師都應該瞭解的東西，Dorset House 出版）是用「connascence」這個單字來表達耦合（coupling）。由於定義上是完全相同的，因此我在這裡只會採用「耦合」的說法。

在大型、複雜的系統中，耦合的情況可能是很微妙的。事實上，如果我們說某個系統很「複雜」，我們的意思就是，改變往往會產生意想不到的後果。我記得 Facebook 曾發生過一次意外事件，有兩個服務共用同一個實體機架。其中一個服務把它的備份策略從「增量備份」改成「完整備份」。這些備份一下子就把擺在機架上方的網路交換器撐爆了，導致第二個服務很快就跟著出了問題。這兩個服務會因為備份策略的改變而耦合，但負責這兩個服務的兩個團隊，甚至都不知道對方的存在。

我們在回答「應該先整理一下嗎？」這個問題時，「耦合」這個東西有什麼特別的意義嗎？有時候，當你面對一團混亂的改變時，問題的癥結點正是因為耦合的緣故：「如果我把這個改變了，所有的那些全都必須跟著改變。」像這樣的混亂，實在是很難搞定。這時你不妨花點時間，瀏覽一下你的整理列表，看看其中有哪些整理做法，也許可以幫你消除掉一些耦合的情況。

耦合會增加軟體的成本。接著我們就來具體瞭解一下，它是怎麼增加軟體的成本。

第三十章

Constantine 等式

記得當初我還只是個年輕的程式設計師,就曾聽過一個可怕的說法:有多達 70% 的軟體開發成本,都是花費在維護的工作上。百分之七十耶!我們所做的工作,究竟有多糟糕呀!我們所製造出來的東西,竟然要花兩倍的功夫,才能維持它正常運作?

軟體的心理模型認為,軟體應該是一種「製造出來之後,就能永遠順利運行下去」的東西,就像是某種永動機一樣;但事實證明正好相反,實際上本來就不應該如此。一個系統的未來價值,就應該體現在今日的現實中,而不是昨日的推測。

我們瞭解了耦合對於軟體開發的影響,就可以進一步來探討耦合的重要性。在關於耦合和內聚的原始著作《*Structured Design*》(結構化設計)一書中,Ed Yourdon 和 Larry Constantine 認為軟體設計的目標,就是最小化軟體的成本(同時也就是最大化軟體的價值,不過這點我們稍後再談)。但軟體的成本,究竟是什麼呢?

前面所說的 70%,也許還算是低估了。但如果我們在設計上多保留一些創造性,也許只需要花費最終開發成本的百分之幾,就能很快做出能創造價值的軟體。這樣的做法完全符合每個人的最大利益。我們越早取得實際的使用回饋,在一些無關緊要的行為上耗費的時間 / 金錢 / 機會成本就會越低。

我所謂的「Constantine 等式」,其中的第一個等式就是,軟體的成本大約就等於改變的成本。沒錯,也許有人會說,軟體在真正可以去進行「改變」之前,應該還有一段短暫的開發時間;不過,誰在乎呢?那段時間的長度,從經濟上來說根本微不足道。所以:

成本(軟體) ~= 成本(改變)

思考這個問題的另一種方式，就是用圖形來說明。（以下的圖形並不是根據實際的資料來繪製；這些圖只是思考問題的另一種方式而已。由於只是示意圖，相應的尺度還請各位自行調整。）

如果我們把軟體整個生命週期的累積成本繪製成圖形，就可以得出一個類似邏輯曲線的東西（圖 30-1）。軟體發佈之前所花費的時間，只佔總時間的一小部分，也只佔總成本的一小部分。

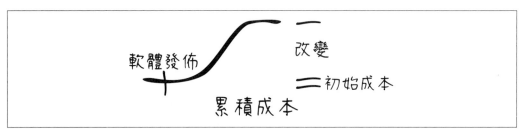

圖 30-1　累積成本邏輯曲線顯示，改變佔了大部分的成本

關於改變的成本，我們有什麼能談的嗎？所有的改變都是一樣的嗎？當然不是；我都這樣問了，當然是不一樣囉。我們或許會針對系統的行為，持續進行一些小小的改變；所有的這些改變，成本可能都差不多。然後有一天，表面上我們只是做了與之前所有改變很類似的改變，但這個改變卻突然爆炸，讓我們措手不及。它的成本有可能並不是只有一個單位，而是十個、百個，或甚至上千個單位。

用視覺化的方式來看，每個月的成本（比如說）一開始很低，然後突然迅速增加，不過隨著其他的機會逐漸變得有利可圖，又會隨之下降（圖 30-2）。為什麼軟體發佈之後，成本增加的斜率會出現如此陡峭的情況呢？我們真的有做出更多的改變嗎？沒錯，是有一些改變。但另一方面，現有的系統也會開始出現一些抗拒改變的阻力。我們必須考慮到往前的相容性。我們也必須顧慮到正式環境下的穩定性。我們會越來越戰戰兢兢，因為任何一個改變，都有可能破壞到看似不相關的功能。

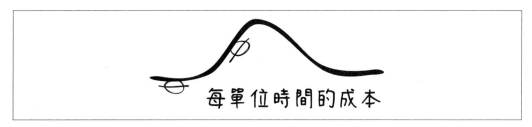

圖 30-2　單位時間成本緩慢成長，然後突然快速成長，接著又往下掉

如果你很瞭解什麼是冪次律分佈，你應該就知道這裡發生了什麼事（如果你並不瞭解冪次律分佈，別說我沒警告你，因為它確實讓我深深著迷 20 年）。冪次律分佈的一個特徵就是，少數幾個比較大的「異常」事件，會產生非常重要的影響。把這幾個事件加起來，其影響就遠超過數量多得多的「正常」事件。這概念就像是五場最大的風暴所造成的破壞，遠比一萬場小風暴還要嚴重得多。

聽起來是不是很熟悉呢？軟體行為上的改變，其中最昂貴的那幾個成本加總起來，一定遠遠超過其他成本比較低的改變全部加總起來的結果。換句話說，改變的成本大概就等於大改變的成本：

成本（改變）~= 成本（大改變）

究竟是什麼東西，讓那些昂貴的改變變得如此昂貴呢？其實就是因為在改變某個元素時，還要去改變另外兩個元素，而改變那兩個元素時，又要去改變其他的元素，然後情況就這樣不斷連鎖下去……那麼，又是什麼東西，讓改變如此不斷「傳播」呢？其實就是耦合。因此，軟體的成本大概就等於耦合：

成本（大改變）~= 耦合

現在我們終於得出了完整的 Constantine 等式：

成本（軟體）~= 成本（改變）~= 成本（大改變）~= 耦合

又或者，如果想要強調軟體設計的重要性：

成本（軟體）~= 耦合

如果要降低軟體的成本，就必須減少耦合。但是解耦並不是免費的，經常需要進行一番權衡取捨；接下來我們就會對此進行探討。

第三十一章

耦合與解耦

為什麼不把所有的東西全部解耦呢？為什麼要讓系統有任何的耦合呢？

耦合這東西，有時就像在地上放了一晚的樂高積木，一點也不起眼，除非你踩到了它。你本來只是要去改變行為，然後才發現，「哦，如果我改變了這裡，就必須去改變那裡，還有那裡。」更糟的情況是，你改變了這裡之後，就把它投入到正式環境中，結果把某些東西搞壞了，這時你才發現，「哦，我想，這裡和那裡也必須改變。」你根本不知道，自己在無意識的情況下，究竟做了什麼樣的假設。

有一些耦合存在的原因，是因為現金流折現的考量。假設你要實作出某個行為，其中有一種做法做起來比較快，但會有耦合的情況；另一種做法比較花時間、比較昂貴，但是可以解耦。你在當時做了經濟上正確的決定，也就是選擇那個會耦合的做法來進行實作——早一點取得收益，晚一點付出成本。而現在就是來到了晚一點、應該要付出成本的時候了。

系統中存在耦合的另一個合理原因就是，它直到現在才變成一個問題。山上的那顆巨石，現在才決定要滾下來。「誰知道我們必須把它翻譯成任何其他的語言呀？」至少你當時就不知道。等你後來知道了，它才變成一個真正的問題。

耦合之所以存在的最後一個理由則是，有些耦合其實是迴避不掉的。關於這類耦合，我除了可以說出這種「自信的斷言」之外，恐怕也沒什麼其他更好的論點了。我會再繼續努力的。

不過，為什麼有耦合，其實並不重要。現在你所面臨的其實是一個選擇：你究竟要付出耦合的成本，還是要付出解耦的成本。「要先整理一下嗎？」其實就是這個決定的縮影（雖然混亂只有一部分是因為耦合所造成的）。

我們來看個具體的例子——通訊協定。其中一種簡單的實作方式，就是寫出一個發送（send）函式和一個接收（receive）函式：

```
Sender>>send()
    writeField1()
    writeField2()

Receiver>>receive()
    readField1()
    readField2()
```

這兩個函式就是耦合的。其中一個改變了，另一個最好也要跟著改變。然後你還要擔心的是，如何才能完美同步部署這些改變。

這種修改函式的工作，等你做過一百遍之後，你應該就會對這種需要瞻前顧後的工作感到厭倦。於是你定義出一個介面定義語言：

```
format = [
    {field: "1", type: "integer"},
    {field: "2", type: "string"}
]

Sender>>send()
    writeFields(format)

Receiver>>receive()
    readFields(format)
```

啾！耦合不見了。現在你只需要在一個地方改變格式就行了。不需要同時去改變 send() 和 receive() 了。

但事實證明，耦合並沒有真正「消失」。沒錯，我們可以只在一個地方改變格式，比如新增第三個欄位。不過，在 Sender 的某個深處，我們還是需要去計算這第三個欄位。如果沒做好這件事，我們在 Receiver 裡就無法讀取到、使用到新的欄位。所以，Sender 和 Receiver 還是有耦合；Receiver 需要做一些改變，才能使用到新欄位；同樣的，Sender 也需要做一些相應的改變。我們只是在實作順序上，給自己提供了更多的選擇而已。

下面這一個概念，我自己還蠻信服的，只是我無法給出證明或充分的解釋：某一類改變的耦合降得越多，其他類改變的耦合就會變得越大。這樣的概念（如果它也符合你的直覺）實際上的意義就是，你其實並不應該太花心思去清理掉最後一點的耦合。這樣做只會帶來新的耦合，結果其實是不值得的。

總體來說，我們還是只能在某個範圍內，去嘗試進行權衡取捨（圖 31-1）。

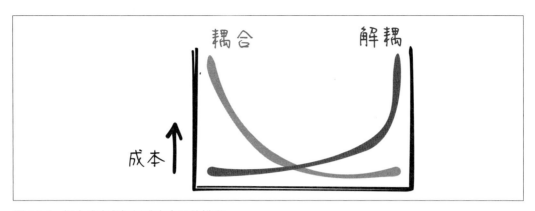

圖 31-1　耦合成本與解耦成本之間的權衡

這張圖其實很天真，因為耦合和解耦真正的成本，根本無法提前得知。這些成本都會隨時間逐漸展現出來，因此也會引入現金流折現的效應。解耦也會創造出一些選擇，其價值是不確定的，而且會隨時間而變化。

不過，基本的決策空間大概就是如此。你可以選擇支付耦合的成本，也可以選擇支付解耦的成本（並取得相應的好處）。在整個連續的範圍內，你可能會選擇落在任何的位置。難怪軟體設計如此困難。而且還要等到本系列的下一本書，我們才會討論到不同人之間的關係。

第三十二章

內聚

我們應該把耦合的元素，變成同一個元素裡的子元素。這就是內聚的第一個隱含意義。把所有便便全都鏟成一堆就對了。至於內聚的第二個隱含意義，只要不是便便（呃……也就是沒有耦合）的元素，就應該丟到別的地方去。

舉例來說，假設我們有一個模組，其中包含了 10 個函式。其中有三個函式是耦合的。另外那七個函式，要丟到哪裡去呢？我們有兩種選擇（圖 32-1）。

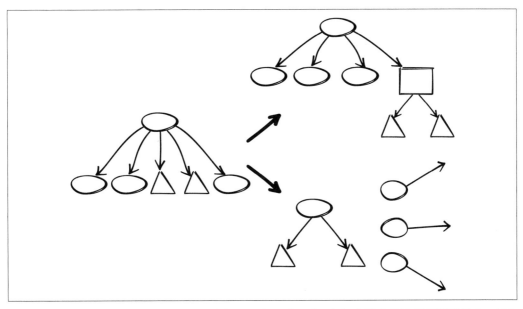

圖 32-1　我們可以（上）把內聚的子元素提取出來，或是（下）把沒耦合的子元素移到別處，以改善元素的內聚程度

第一種做法，就是把耦合的元素，變成子元素打包起來。我們可以建立一個子模組，其中只包含那三個耦合的函式。這個子模組就是內聚的，因為它的元素是耦合的。這樣一來，原始模組的內聚程度可能就會變得比較低一點，因為現在它所有的元素都沒耦合了；不過，這樣的安排並沒有比之前糟糕。

提取出輔助函式的做法，其實就屬於這種「提取內聚子元素」的做法。如果輔助函式裡的程式碼改變了，所有用到這個輔助函式的地方，也都可以一起接受相同的改變，那麼這個輔助函式就是有內聚力的，可以擁有內聚的所有好處：更容易分析，更容易改變，可抵抗意外的行為改變。

第二種選擇則是把沒耦合的元素丟在別的地方去。丟到哪裡去呢？這就是你身為設計師需要去考慮的事。哪些函式與哪些東西是耦合的呢？你可以把比較有關係的函式，盡可能放在比較靠近的位置。它們彼此之間有耦合嗎？如果有的話，就可以去製作出另一個子模組，把這些函式打包起來。

在移動位置的時候，請不要做出很突兀的移動。你所關注的是誰跟誰耦合，但這樣的資訊並不會很完整，而且一直在改變。不要一下子就把所有的東西改得面目全非。一次只移動一個元素就可以了。你要盡量為下一個人著想，讓程式碼盡量保持整潔。如果大家都很遵循那個童軍守則（「當你離開時，要讓它變得比你剛來時更棒」），隨著時間慢慢推移，你的程式碼就會變得越來越棒。

第三十三章

結論

現在你已經準備好，可以來回答「先整理一下？」這個問題了。你會一次又一次不斷面臨這個問題。每次的情況都略有不同，但你每次都應該受到相同力量的影響：

- 成本——整理能否讓付出的成本變少、讓成本延後付出，或是降低成本付出的可能性？

- 收益——整理能否讓收益增加、讓收益更快取得，或是增加各種收益的可能性？

- 耦合——整理能否讓我需要去改變的元素變得更少？

- 內聚——整理能否讓我需要去改變的元素，集中在一個更小、更集中的範圍內？

這其中最重要的，其實就是你。「整理」能在你寫程式的過程中，為你帶來平靜、滿足與快樂嗎？也許有一點吧。這其實很重要，因為你如果可以好好展現出最棒的自己，你就會是個更棒的程式設計師。如果你總是匆匆忙忙，總是在修改那些令人感到痛苦的程式碼，你就很難展現出最棒的自己了。

不要讓整理這件事，太過於影響你的決定。一旦你意識到整理可以讓自己的生活和工作變得更好，有時候你反而會被沖昏頭。如果你是在處理功能上的風險和不確定性，就算你覺得自己是在做正確的事，有些人還是會覺得不滿意；但整理這件事不太一樣，你只要去做了整理，你自己就是受惠者，因此你很可能會覺得非常滿意。

由於存在耦合，因此可以做的整理工作很自然就會一個接一個跑出來。整理這件事，就好像是軟體設計的品客洋芋片（Pringles）。如果你決定先整理一下，請務必克制住「再吃一片」的衝動。整理的目的，應該是為了啟動後續行為上的改變。請把整理的狂歡派對留到以後，到時候你就可以盡情瘋狂整理，也不會耽誤到別人等老半天、真正需要的改變了。

請注意，當你在為自己練習如何進行整理時，其實你也是在為一些像你這樣的別人，練習進行各種設計。這就是我們的目標——讓軟體設計成為開發過程中很尋常的、講究平衡的一部分工作。

其實我們很少只靠自己一個人單獨寫程式。正如設計的各種元素之間會存在耦合一樣，我們不同的人與人之間，也會彼此耦合。我所做的改變可能會影響到你，你所做的改變也可能會影響到我。

本書作為本系列的第一本書，主要討論的是由個人所設計、針對個人而設計的軟體。當然，你的同事也可以從整理好的程式碼中受益，不過主要的焦點還是聚焦在你身上。花力氣來讓你的工作更輕鬆，真的值得嗎？應該值得吧。

什麼人？	多少時間？	做什麼？	做法	挑戰
你	幾分鐘到幾小時	整理	把結構上與行為上的改變區分開來	耦合和內聚

本系列的下一本書探討的是，有能力做出改變的人（也就是那些可以直接改變系統的人）之間的關係。我們一定要先讓這些有能力做出改變的人們建立起健康的關係，最後才能面對最終極的人類關係，也就是「可做出改變的人」與那些「只能等我們做好改變的人」，針對這兩種人之間的關係挑戰，做好相應的準備。軟體設計有可能促進、也有可能破壞這些關係。

什麼人？	多少時間？	做什麼？	做法	挑戰
你	幾分鐘到幾小時	整理	把結構上與行為上的改變區分開來	耦合和內聚
你和你的設計程式師同事們	幾天到幾週	重構	每週計劃	冪次律

雖然我知道計劃不需要太過於長遠，但你正在學習的這些卓越技巧，最終極的回報就是可以讓你與各種不同角色的人，都能相處得更加融洽。業務導向的人與技術導向的人，這兩種人之間的關係總是最令人擔憂，但同時也是最重要的，而且可能也是最有價值的。你只要把軟體設計納入日常業務和策略規劃的一部分，你就很有機會發揮自己的作用，弭平掉業務與技術人員之間的分歧。

什麼人？	多少時間？	做什麼？	做法	挑戰
你	幾分鐘到幾小時	整理	把結構上與行為上的改變區分開來	耦合和內聚
你和你的設計程式師同事們	幾天到幾週	重構	每週計劃	冪次律
所有利害關係人	幾個月到幾年	架構演進	動態平衡	？

這就是我們的目標——讓軟體設計真正成為人類關係的一種課題。所以，一開始就是要⋯⋯

先整理一下？可能是吧。你只要把整理這件事，做到剛剛好就行了。只要做得好，你一定可以獲得很好的收穫。

相關的閱讀清單和參考文獻

Alexander, Christopher。《*Notes on the Synthesis of Form*》（形式綜合的提醒說明）。劍橋：哈佛大學出版社，1964 年。

介紹模式（pattern）的一本書。其基本概念就是，每個設計決策都是要解決一些相互衝突的約束，並創建出一些（希望是比較小的）約束，讓未來的設計決策去加以解決。像這樣的約束會不斷重複出現，因此就有了「模式」（pattern）這樣的字眼。

---。《*The Timeless Way of Building*》（永恆的建構方式）。紐約：牛津大學出版社，1979。

我極力推薦這本書。這本書一開始先重新去設想，設計師和設計對象之間的關係。什麼人應該有權力去做什麼？然後，再套用一些模式和新穎的構建技術，來推遲大多數設計決策，讓它遠遠超出看起來合理的程度。（這聽起來很熟悉嗎？）

Ball, Philip。《*Branches: Nature's Patterns*》（分支：自然的模式）。紐約：牛津大學出版社，2011。

---。《*Flow: Nature's Patterns*》（流動：自然的模式）。紐約：牛津大學出版社，2011。

---。《*Shapes: Nature's Patterns*》（形狀：自然的模式）紐約：牛津大學出版社，2011。

身為智慧型產品的設計者，我們往往相信自己可以用任何設計方式，設計出任何想要的東西。但其實並非如此。我們的工作方式，還是會受制於一些自然法則的約束（《*Empirical Software Design*》（憑藉經驗來進行軟體設計）這個系列的下一本書，就會談更多的相關概念）。這宛如三部曲的著作，可說是自然世界各種設計的珍品展示櫥窗。

Beck, Kent。《*Smalltalk Best Practice Patterns*》(*Smalltalk* 最佳實務設計模式)。紐約:培生 (Pearson) 教育,1997。

---。《*Implementation Patterns*》(實作模式)。Upper Saddle River:Addison-Wesley,2007。

這兩本書所討論到的內容,在設計層面上與本書很有關係。這兩本書所要回答的問題就是:「如果我們想與他人交流,我們的程式應該要怎麼寫?」

Feathers, Michael。《管理、修改、重構遺留程式碼的藝術》(*Working Effectively with Legacy Code*)。Upper Saddle River:培生(Pearson)教育,2004。

就算是之前遺留下來的程式碼,或是已經在正式環境使用中的程式碼,在這樣的限制之下,我們還是可以繼續進行設計,這樣的想法實在是很鼓舞人心。

Fowler, Martin。《*Refactoring: Improving the Design of Existing Code*》。波士頓:Addison-Wesley,1999。繁體中文版《重構|改善既有程式的設計》由碁峰資訊出版。

這本手冊記載了改進現有設計的各種方法。

Hanson, Chris 和 Gerald Jay Sussman。《*Software Design for Flexibility*》(針對靈活的彈性所做的軟體設計)。劍橋:麻省理工學院出版社,2021 年。

更能夠支援持續性改變的小規模設計做法。

Lemaire, Maude。《*Refactoring at Scale*》。Sebastopol:歐萊禮出版,2021 年。繁體中文版《大規模重構|奪回源碼庫的控制權》由碁峰資訊出版。

全新的功能、更好的結構,以及可靠的生產需求,這三者之間經常相互衝突,而這本書則解決了這樣的限制。

Mollison, B.C.。《*Permaculture 1*》(永續文化 1)。倫敦:Transworld 出版社,1988。

我個人把設計定義為「讓元素以有益的方式關聯起來」,其實這只不過就是重申了永續文化的定義。永續文化是一種設計生態系統的做法,在維持自然生態系統復原力的同時,也能夠產生出價值。

Myers, Glenford J.《*Composite/Structured Design*》(複合 / 結構化設計)。紐約:Van Nostrand Reinhold,1978。

把資訊隱藏起來的早期做法 —— 模組裡的函式之間,盡量少對彼此做出假設。

Norman, Don。《設計的心理學：人性化的產品設計如何改變世界》（*The Design of Everyday Things*）。紐約：Basic Books，2013。

> 你再也不必因為搞不清楚應該去拉門還是推門，而責怪自己愚蠢了。此外，Don 所描述的「普遍公認用法」（affordance），在軟體設計上同樣也適用。

Normand, Eric。《*Grokking Simplicity*》（領略簡單性） Shelter Island：Manning，2021。

> 有些人認為，比較重要的是「函式 vs. 物件」。但我比較贊同 Eric 的觀點，他認為更有價值的其實是「物件內部的函式」。本書透過函式型程式設計的方式，來解決掉「改變的成本」這個問題。

Ousterhout, John。《*A Philosophy of Software Design*》（軟體設計哲學）。Palo Alto：Yaknyam Press，2018。

> 就是這本書，讓我開始寫作本書。如何讓設計變得更好，John 的觀點可說是廣為人知，但他的表達方式卻很教條化 —— 總之就是讓你的程式碼盡可能保持簡潔。本書書名《先整理一下？》其中的問號，就是我最直接的回應。

Page-Jones, Meilir。《*What Every Programmer Should Know About Object-Oriented Design*》（關於物件導向設計，每個程式設計師都應該瞭解的知識）。紐約：Dorset House，1995。

> 把耦合的概念，轉化到物件的世界中。由於「coupling」和「connascence」這兩個單字的定義都是相同的，所以我選擇使用「coupling」（耦合）這個字眼。

Parnas, David Lorges。《*Software Fundamentals: Collected Papers by David L. Parnas*》（軟體基礎知識：*David L. Parnas* 的論文集）。由 Daniel M . Hoffman 和 David M . Weiss 所編輯。波士頓：Addison-Wesley Professional，2001。

> Parnas 教授幾乎比所有人都更早瞭解設計。他的思考方式以及所使用的詞彙，對於我們的對話方式產生了很大的影響。

Petre, Marian 和 Andre Van Der Hoek。《*Software Design Decoded*》（軟體設計解密）。劍橋：麻省理工學院出版社，2016。

> 本書說明的是一些專家級設計師會進行的一些活動。由於這是一本簡短易懂的書，因此其中所提的活動幾乎都沒談到什麼細節。你可以用它來作為一種提示：「嗯，我從來沒有這樣做過，所以我最好來試一下。」

Seemann, Mark。《*Code That Fits in Your Head* ｜ 軟體工程的啟發式方法》。波士頓：Addison-Wesley Professional，2021。

人腦並沒有隨附任何操作手冊。這本書蠻接近程式設計大腦的操作手冊。

Weinberg, Gerald M。《*The Psychology of Computer Programming*》（電腦程式設計心理學）。紐約：Dorset House，1998。

這本書開創了一種激進的做法，把程式設計師假設成一般的人類。

Yourdon, Edward。《*Techniques of Program Structure and Design*》（程式結構和設計的技術）。Upper Saddle River：Prentice Hall，1975。

軟體設計的早期說明，後來被下面這本所取代……

Yourdon, Edward 和 Larry L.。《*Constantine. Structured Design*》（結構化設計）。Upper Saddle River：Prentice Hall，1979。

這是軟體設計的聖經。軟體設計師的牛頓定律。本書中的所有內容，全都是在重申《*Structured Design*》（結構化設計）這本書所提出的觀點。

索引

※ 提醒您：由於翻譯書排版的關係，部分索引名詞的對應頁碼會和實際頁碼有一頁之差。

B

batches（批量處理）
  behavior changes and（行為上的改變和～），43
  costs（成本），44-45
  Goldilocks dilemma（金髮姑娘凡事講究恰到好處的兩難困境），43
  trade-off space（權衡取捨空間），43
behavior（行為）
  options and（選擇權和～），80
  structure and（結構和～），63-65
  value and（價值和～），63
behavior changes（行為上的改變），35-37, 43
  clustering（集群），48
beneficially relating elements（讓元素以有益的方式關聯起來），59-61

C

cascading changes（會相互串聯的改變），80
cash flow（現金流），75-76
  coupling and（耦合和～），87
chaining（鏈；串連；連鎖效應），39
  chunk statements and（把程式碼切成一塊一塊的和～），40
  cohesion order and（內聚順序和～），40
  comments（註解說明），41
    redundant（多餘的～），41
  dead code and（死程式碼和～），39
  explaining constants and（具有解釋效果的常數和～），40
  explaining variables and（具有解釋效果的變數和～），40
  explicit parameters and（明確的參數和～），40
  extract helper（提取輔助函式），40
  guard clauses and（守衛語句和～），39
  interfaces（介面），39

One Pile and（匯聚成一堆和～）, 40

　　reading order and（閱讀順序和～）, 40

changers（可做出改變的人）, 94

chunk statements（把程式碼切成一塊一塊的）, 23

　　chaining and（和～的連鎖效應）, 40

chunking statements（把程式碼切成一塊一塊的）, 36

clauses（語句）, guard clauses（守衛語句）, 3-4

cohesion（內聚）, 91-92

cohesion order（內聚順序）, 13

　　chaining and（和～的連鎖效應）, 40

comments（註解說明）

　　chaining and（和～的連鎖效應）, 41

　　headers（放在檔案最前面的標頭）, 29

　　redundant（多餘的～）, deleting（刪除～）, 31-32, 41

connascence（耦合）, 81

Constantine's Equivalence（Constantine 等式）, 83-85

constants（常數）

　　explaining（解釋）, chaining and（和～的連鎖效應）, 40

　　literal（用文字來表達～）, 19

coupling（耦合）, 79-81

　　discounted cash flows（現金流折現）, 87

　　software development and（軟體開發和～）, 83

　　versus decoupling（～ vs. 解耦）, 87-89

D

dead code（死程式碼）, 5

　　chaining and（和～的連鎖效應）, 39

decisions（決策）, reversible（可逆的～）, 77-78

declaring variables（宣告變數）, 15-16

decoupling（解耦）, 13, 87-89

dependencies（依賴關係）, 16

discounted cash flows（現金流折現）, coupling and（耦合和～）, 87

E

elements（元素）

　　beneficially relating elements（讓元素以有益的方式關聯起來）, 59-61

　　boundaries（界限）, 59

　　cohesion（內聚）, 92

order（順序）, 11

    subelements（子元素）, 59

explaining constants（具有解釋效果的常數）, chaining and（和 ~ 的連鎖效應）, 40

explaining variables（具有解釋效果的變數）, chaining and（和 ~ 的連鎖效應）, 40

explicit parameters（明確的參數）, 21

expressions（表達式）, 17

extract helper（提取輔助函式）

    chaining and（和 ~ 的連鎖效應）, 40

extracting code for helper routine（提取輔助函式的程式碼）, 25-26

F

financial options（金融選擇權）, 71-73

    versus cash flow（~ vs. 現金流）, 75-76

G

Goldilocks dilemma（金髮姑娘凡事講究恰到好處的兩難困境）, 43

guard clauses（守衛語句）, 3-4

    chaining and（和 ~ 的連鎖效應）, 39

H

header comments（放在檔案最前面的標頭註解說明）, 29

helper routines（輔助函式）, extracting code（提取 ~ 的程式碼）, 25-26

I

initializing variables（初始化變數）, 15-16

interfaces（介面）

    chaining and（和 ~ 的連鎖效應）, 39

    implementing new（實作出新的 ~）, 9

    pass-through（直通）, 9

L

latency（延遲）, review latency（審核延遲）, 37

lazily initialized variables（延遲初始化變數）, 7

literal constants（用文字來表達常數）, 19

N

never tidying（完全不做整理）, 51

normalizing symmetries（用同樣的寫法做同樣的事），39

NPV（net present value；淨現值），68

O

One Pile（匯聚成一堆），27-28

    chaining and（和～的連鎖效應），40

optionality（選擇性），67

options（選擇權），64

options greeks（選擇權希臘字母），68

options pricing formula（選擇權定價公式），71-73

    versus cash flow（～ vs. 現金流），75-76

P

parameters（參數）

    blocks（把一大堆～包在一起），21

    explicit（明確的～），21

        chaining and（和～的連鎖效應），40

pass-through interfaces（直通介面），9

power law distribution（冪次律分佈），84

PR（pull requests；拉取請求），35-37

R

reading order（閱讀順序），11

    chaining and（和～的連鎖效應），40

relating（相關聯），60

reordering code（重新排序程式碼），11

reversible structure changes（可逆的結構改變），77-78

review latency（審查延遲），37

rhythm（節奏），managing（管理～），47

S

software（軟體）

    as a thing that is made（作為一個被製造出來的東西），83

    cumulative cost graph（累積成本圖），84

software system value（軟體系統價值），69-70

statements（語句），chunked（切成一塊一塊的），23, 36

storing tidyings（整理做法的保存方式），35-37

structure（結構）

    behavior and（行為和～）, 63-65

    changes（改變）, reversible（可逆的）, 77-78

symmetries（對稱性；意指「同樣的事」）, normalizing（正規化；意指「採用同樣的寫法」）, 7-8, 39

T

tidying（整理）

    after（後做）, 53

    as self-care（把～視為一種自我照顧）, 76

    first（先做）, 53-54

    later（晚點再去做）, 51-52

    never（完全不做）, 51

tidyings（整理做法）

    chaining（串連）, 31

    storage（保存方式）, 35-37

    timing（時機）, 51-54

    untangling（解開糾纏）, 49-50

time value（時間價值）, 67

timing tidyings（整理的時機）, 51-54

trade-off space（權衡取捨空間）, 43

U

untangling tidyings（解開糾纏的整理工作）, 49-50

V

value（價值）, behavior and（行為和～）, 63

valuing software system（評估軟體系統的價值）, 69-70

variables（變數）

    declaration（宣告）, 15-16

    explaining（具有解釋效果的～）, chaining and（和～的連鎖效應）, 40

    expressions（表達式）, 17

    initialization（初始化）, 15-16

    lazily initialized（延遲初始化）, 7

關於作者

Kent Beck 是一位程式設計師，也是極限程式設計（Extreme Programming）的創始人、軟體模式的先驅、JUnit 的共同作者、測試驅動開發（Test-Driven Development）的重新發現者，以及 3X：Explore / Expand / Extract（探索 / 擴展 / 提取）的觀察家。Beck 也是《敏捷宣言》（*Agile Manifesto*）的第一個（按照字母順序）簽署者。他住在加州舊金山，是 Mechanical Orchard 的首席科學家，他一直都在傳授各種技能，協助極客們能夠在這個世界上感覺到更加安心。

讀者可透過以下方式與他聯繫，或是關注他的動向：

- Facebook：*https://www.facebook.com/kentlbeck*

- Twitter：*https://twitter.com/KentBeck*

- LinkedIn：*https://www.linkedin.com/in/kentbeck*

- Medium：*https://medium.com/@kentbeck_7670*

- 網站：*https://www.kentbeck.com*

出版記事

本書封面上的動物是一隻緬因貓（Maine Coon；貓科動物），牠是緬因州官方認定的州貓，也是體型最大、最古老的家貓品種之一。

緬因貓以其令人印象深刻的體型和蓬鬆的皮毛而聞名。雄性的體重通常在 13 至 18 磅之間，雌性則在 8 至 12 磅之間。牠們擁有肌肉發達的強壯身體，還有毛長而濃密的尾巴，以及山貓般的長毛耳朵。緬因貓有金色、綠色或銅色的眼睛，非常引人注目。

牠們的皮毛非常濃密、防水，並且有多種顏色與圖案，例如黑色、白色、奶油色和各種深淺的棕色，還帶有虎斑或玳瑁的圖案。由於緬因貓的毛很厚，因此需要定期梳理毛髮，尤其是在除毛季節，這樣才能防止毛髮打結。

緬因貓以其深情、善於交際的天性而聞名。眾所周知，牠與小孩、其他貓狗都能相處得很好，因此成為了非常優秀的家庭伴侶。牠們頑皮聰明的天性，讓牠們擁有很快的學習速度，因此可以教牠們許多技巧和遊戲。牠們很喜歡互動式玩具，也喜歡一些能夠刺激思考的活動。

O'Reilly 書籍封面上的許多動物都面臨瀕臨絕種的危機；牠們都是這個世界重要的一份子。

封面插圖是由 Karen Montgomery 所創作，她是以《*Dover's Animals*》（*多佛動物*）的古老線條雕刻作為繪製的基礎。

先整理一下？｜個人層面的軟體設計考量

作　　　者：Kent Beck
譯　　　者：藍子軒
企劃編輯：詹祐甯
文字編輯：王雅雯
設計裝幀：陶相騰
發 行 人：廖文良

發 行 所：碁峰資訊股份有限公司
地　　　址：台北市南港區三重路 66 號 7 樓之 6
電　　　話：(02)2788-2408
傳　　　真：(02)8192-4433
網　　　站：www.gotop.com.tw
書　　　號：A786
版　　　次：2024 年 12 月初版
建議售價：NT$480

國家圖書館出版品預行編目資料

先整理一下？：個人層面的軟體設計考量 / Kent Beck 原著；
　藍子軒譯. -- 初版. -- 臺北市：碁峰資訊, 2024.12
　　　面；　公分
　　　譯自：Tidy First?: A Personal Exercise in Empirical Software
Design.
　　　ISBN 978-626-324-961-5(平裝)
　　　1.CST：軟體研發　2.CST：電腦程式設計
312.2　　　　　　　　　　　　　　　　　　113017978